美國紅回日本的咖啡名家，
最可愛的咖啡入門

沒有咖啡活不下去！

コーヒーがないと生きていけない!!
毎日がちょっとだけ変わる楽しみ方

岩田亮子／著　龔婉如／譯

與咖啡最糟糕的第一次接觸

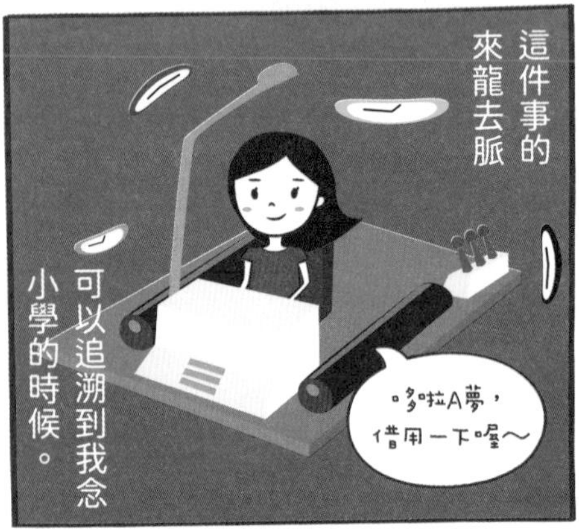

我回來了！
家裡沒人……
肚子餓扁的我，到廚房找東西吃……
肚子好餓！
發現！
冷飯和麥茶
= 茶泡飯！
於是我將白飯和麥茶加熱。
開動囉！

第一秒我就發現不對勁。這不是麥茶，和白飯加在一起後變成超噁心的味道。這傢伙是咖啡！
什麼東西啊！
這件事在我心裡造成陰影，完全破壞我對咖啡的感覺，從此在記憶裡埋下「咖啡＝難喝」的印象。
二十年後……
才不會被騙哩！
二十九歲那年，我搬到西雅圖。
HELLO SEATTLE!
西雅圖人走到哪兒都在喝咖啡！
真的好會喝喔！

頑固的我心想
才沒那麼容易上當！
終於有一天，我對西雅圖敞開了心房。
你就喝喝看嘛！
拉花拉得那麼可愛
但喝起來一定很苦。不過西雅圖人都這麼說了……
三十歲這年遇到了咖啡
好好喝喔！
這二十幾年來我都在幹麼!?
從此之後，我就爲咖啡瘋狂，不停地喝咖啡，爲了咖啡去旅行，變成一個沒有咖啡活不下去的人。
要找回二十年的空白！

前言

我的體內流著咖啡味的血

聽說人體有百分之六十是水，但我的身體應該有百分之六十是咖啡，誇張到每天早上起床後不先喝杯咖啡就沒辦法沖咖啡的程度。後來我想出了解決方法，就是先喝一杯即溶咖啡，接著再重煮一次水、仔細磨豆子，好好地沖一杯咖啡。

不喝咖啡的話，我的身體無法正常運作，完全就是「沒有咖啡活不下去」的狀態。不過，搬到西雅圖之前的三十年，我其實都過著沒有咖啡的生活呀。當時我到底是怎麼每天出門工作、怎麼維持好心情與人交際的呢？我也不知如何說明這一切，實在很佩服以前的我。

因爲一把年紀才愛上咖啡，我決定好好彌補過去那段空白，開始學習有關咖啡的一切，不停地喝，只要聽說哪裡有好咖啡，就馬上出門旅行去喝。後來，我甚至在美國出版了咖啡的書，還被翻譯成各種語言……不知不覺中，我已經成了一個「咖啡人」。

話雖如此，其實我只負責喝。我會在家裡自己沖咖啡，也有整套器材，但我就是很懶得量測，而且個性又急，常常等不及萃取完就先喝了，所以當然啦，我沖出來的咖啡就不是那麼好喝……不久後，跌破全世界眼鏡的二〇二〇年來臨了，在這瘋狂的一年中，在家裡沖咖啡的機會變多了，於是我決定向過去的隨便與急性子說再見，從頭好好學習手沖咖啡！也因爲希望讓更多人擁有更加豐富、美味的咖啡時光，這本書就這樣誕生了。

本書共分爲「看」「學」「飲」「知」「巡」等五個讓咖啡更美味的主題，大家可以從自己最感興趣的主題開始閱讀。無論是和我一樣晚熟的咖啡愛好者，或是有幾十年經驗的咖啡老饕，都希望各位能夠從本書中體會到喝咖啡的樂趣。

現在就和我一起享受美味而快樂的咖啡時光吧。

岩田亮子

目錄 CONTENTS

Chapter 3

在家享用咖啡

Chapter 4

剖析咖啡浪潮

Chapter 5 一起出門喝咖啡

COFFEE  LESSON

Chapter

1

咖啡眞有趣

COFFEE IS FUN

喜歡上某樣事物，就會想要有更多了解。因爲喜歡咖啡，當然就會想進一步了解咖啡。不過，如果講得太艱難、太科學或太細節，只會讓人頭昏眼花。這種心情我懂！所以，請放鬆心情，藉由簡單的插畫，從認識常見的咖啡開始吧。

從此不再「不知道怎麼選所以都喝拿鐵」

一看就懂！各式各樣的咖啡飲品

走進咖啡館，看著牆上琳琅滿目的中英文飲品單，相信很多人都會冒出「根本不知道從何點起，算了，喝拿鐵好了」的想法。首先請大家欣賞簡單易懂的插圖，一起克服這種「不知道飲品單上到底寫了些什麼」的障礙吧。學會之後，以後到咖啡館時，就可以輕鬆嘗試不一樣的咖啡飲品了。

推薦給喜歡苦味的你

Basic Drinks

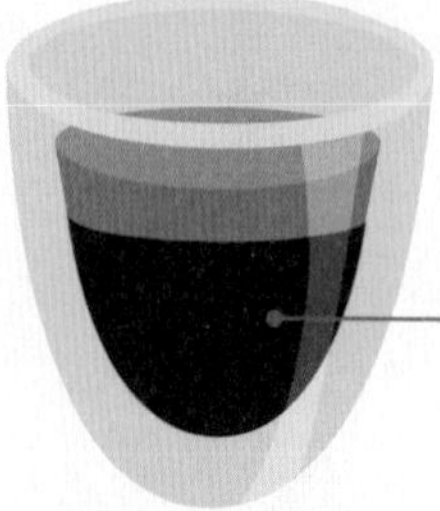

ESPRESSO
【濃縮咖啡】

苦味 | 甜味 | 濃度

真正好喝的濃縮咖啡喝起來帶有甜味。

DOPPIO就是2杯ESPRESSO。

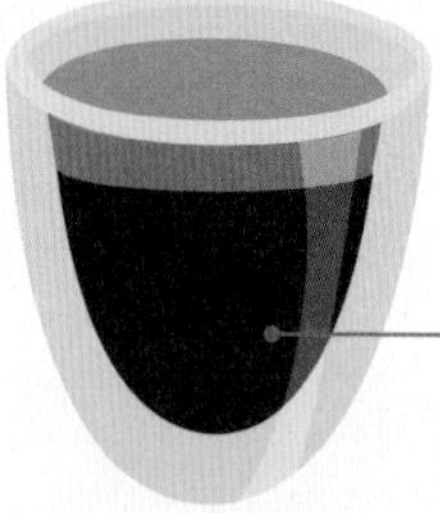

DOPPIO
【雙份濃縮咖啡】

苦味 | 甜味 | 濃度

適合想要提神的時候。

哪一款最吸引你？
先記住它的名字吧。

和長黑咖啡的不同在於「先倒入濃縮咖啡再加熱水」。

熱水
濃縮咖啡

AMERICANO

【美式咖啡】

苦味	甜味	濃度
●●●	●	●●

西雅圖名店Lighthouse Roasters的美式咖啡堪稱一絕。

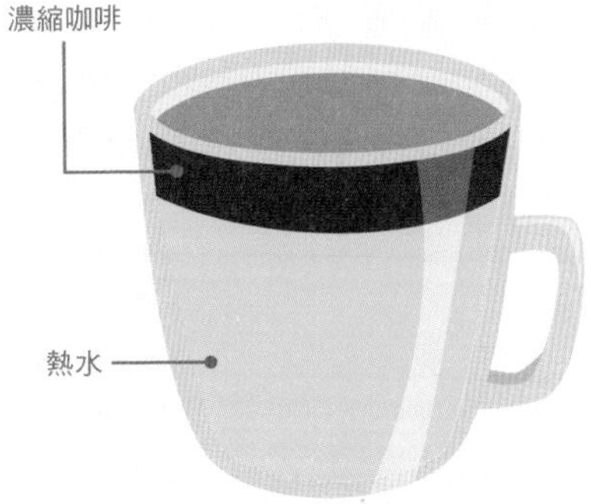
濃縮咖啡
熱水

LONG BLACK

【長黑咖啡】

苦味	甜味	濃度
●●●	●	●●

長黑咖啡來自澳洲。

黑咖啡

DRIP

【滴濾咖啡】

苦味	甜味	濃度
●●●	●●	●●

喝來喝去還是黑咖啡最能放鬆心情。

滴濾咖啡
濃縮咖啡

RED EYE

【紅眼咖啡】

苦味	甜味	濃度
●●●●	●	●●●●

適合亟需補充大量咖啡因的時候。

 請給我一杯濃縮咖啡。 Can I get a shot of espresso?

MILK

加入牛奶，口感更溫潤

+ Milk Drinks

奶泡
蒸氣牛奶
（液狀）
濃縮咖啡

CAFÉ LATTE

【拿鐵】

苦味	甜味	濃度
●	●●●	●●●

有機會絕對要到西雅圖名店Ladro嘗嘗，一定會對拿鐵改觀。

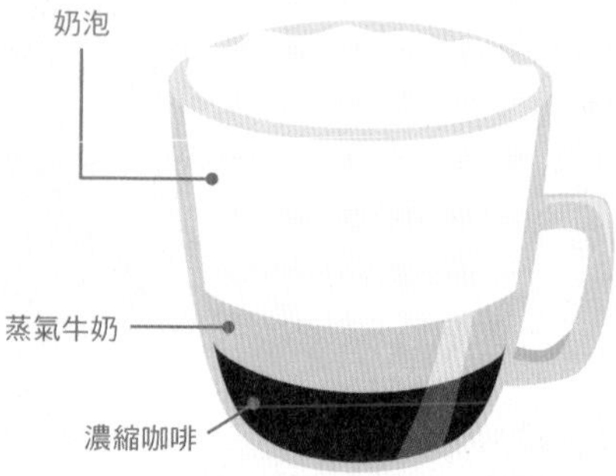
奶泡
蒸氣牛奶
濃縮咖啡

CAPPUCCINO

【卡布奇諾】

苦味	甜味	濃度
●	●●●	●●●

想要來杯暖呼呼的，就選卡布奇諾。

（有一層細幼奶泡的）
蒸氣牛奶
濃縮咖啡

FLAT WHITE

【小白咖啡／馥列白】

苦味	甜味	濃度
●	●●●	●●●

既非拿鐵，也不是卡布奇諾。源自澳洲的咖啡飲品。

真正的瑪奇朵
長這樣喔！
奶泡
濃縮咖啡

MACCHIATO

【瑪奇朵】

苦味	甜味	濃度
●●	●●	●●●

常被誤會為味道很甜的飲品。其實這樣才對。

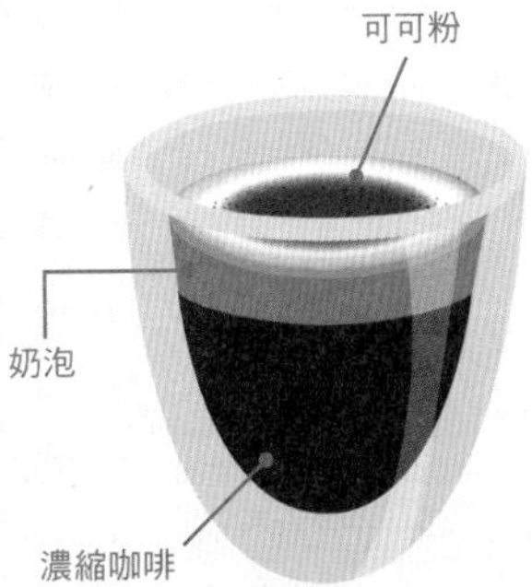
可可粉
奶泡
濃縮咖啡

MAROCCHINO
【摩洛哥咖啡】

苦味	甜味	濃度
3	3	3

像義大利人那樣一口飲盡是最道地的喝法。

最適合作為
餐後甜飲。
奶泡
蒸氣牛奶
（液狀）
巧克力
濃縮咖啡

CAFÉ MOCHA
【摩卡咖啡】

苦味	甜味	濃度
2	3	3

不喜歡濃縮咖啡苦味的人，不妨從摩卡咖啡開始。

源自西班牙，小白
咖啡的縮小版。
蒸氣牛奶
（液狀）
濃縮咖啡

CORTADO
【告爾多咖啡】

苦味	甜味	濃度
1	2	3

關於比例有各種說法，基本爲牛奶1：濃縮咖啡1。

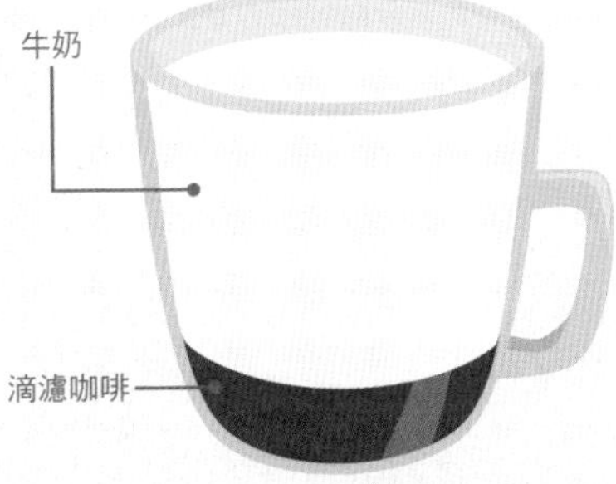
牛奶
滴濾咖啡

CAFÉ AU LAIT
【咖啡歐蕾】

苦味	甜味	濃度
1	3	3

牛奶比例高，喝起來較溫潤，屬於入門款飲品。

世界各地的個性派 Unique Drinks

鮮奶油和牛奶的比例
為1：1
濃縮咖啡

BREVE
【布列夫咖啡】

苦味 ● 甜味 ●●● 濃度 ●●●●

鮮奶油加牛奶的口感頗重，第一次喝可能會嚇到！

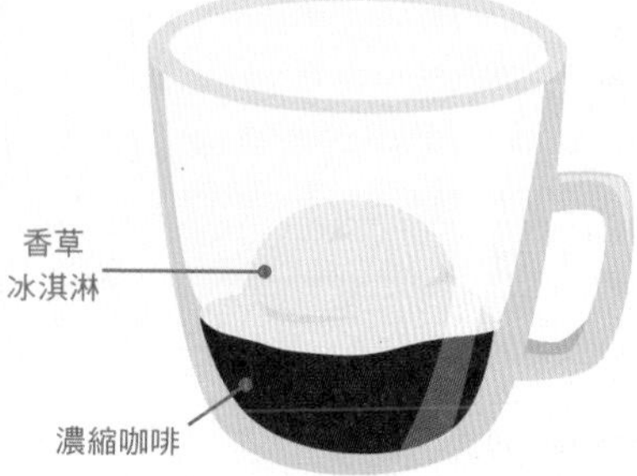
香草
冰淇淋
濃縮咖啡

AFFOGATO
【阿法奇朵】

苦味 ● 甜味 ●●●● 濃度 ●●●●

同時滿足甜與苦兩種味蕾刺激的夢幻組合。

發泡
鮮奶油
巧克力
濃縮咖啡

BICERIN
【比切林咖啡】

苦味 ● 甜味 ●●●● 濃度 ●●●●

很有某品牌星冰樂系列始祖的感覺，一般來說是熱飲。

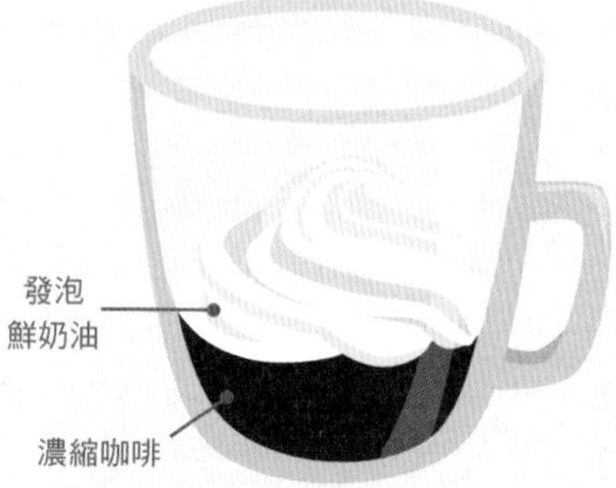
發泡
鮮奶油
濃縮咖啡

ESPRESSO CON PANNA
【康寶藍】

苦味 ● 甜味 ●●●● 濃度 ●●●●

雖然主角是濃縮咖啡，但整體喝起來較甜。

發泡鮮奶油
威士忌
滴濾咖啡

IRISH COFFEE
【愛爾蘭咖啡】

苦味	甜味	濃度
●	●●●	●●●●

酒＋咖啡＋甜點，一次滿足三種願望。

在義大利大多使
用義式白蘭地
(Grappa)。
(自己喜歡的)
酒
濃縮咖啡

CORRETTO
【卡瑞托咖啡】

苦味	甜味	濃度
●●	●●●	●●●●

選擇甜味較重的酒，更適合搭配濃縮咖啡。

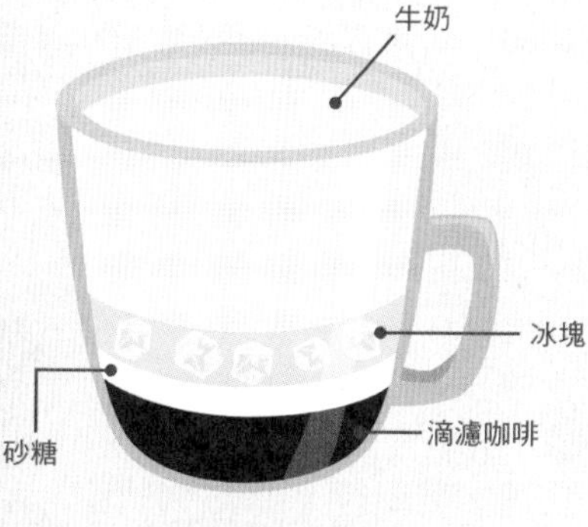
牛奶
冰塊
砂糖
滴濾咖啡

FRAPPE
【希臘冰咖啡】

苦味	甜味	濃度
●	●●●●	●●●●

源自希臘的冰咖啡，希臘當地都使用即溶咖啡。

港式奶茶
滴濾咖啡

YUANYANG
【鴛鴦】

苦味	甜味	濃度
●	●●●●	●●●●

港式奶茶偏甜，加入濃縮咖啡可中和甜度。

 英語小學堂 卡瑞托咖啡裡加的酒，你會推薦哪一種？ What kind of liquor do you

咖啡通的小常識

與咖啡相關的疑問

許多人對咖啡都有很多疑問，卻不知道可以問誰，這裡就爲大家列出其中最具代表性的幾個問題。以前我也有很多似懂非懂的地方，不確定時就會仔細求證。和我一起解開心中對咖啡的所有疑惑吧！

Q1

濃縮咖啡和滴濾咖啡有什麼不同？

咖啡館裡常可見到傳出「咻！咻！」蒸氣聲的咖啡機，那就是義式濃縮咖啡機。濃縮咖啡使用的是磨得非常細的咖啡粉，藉由高壓熱水穿過，在短時間內萃取而成。因爲水量很少，所以可萃取出非常濃醇的味道。加壓後會形成高濃度的茶色奶油質地泡沫，稱爲「咖啡脂」（crema）。拿鐵和卡布奇諾就是在濃縮咖啡裡加入牛奶調製而成。

ESPRESSO
濃縮咖啡

DRIP
滴濾咖啡

另一方面，滴濾咖啡則是由咖啡師拿著手沖壺，以特有的節奏感，將熱水注入濾杯之中而成。下方有玻璃壺的電動咖啡機做出來的也屬於滴濾咖啡。將中研磨的咖啡粉放入濾紙裡，再注入熱水卽可。由於會花較長時間慢慢萃取咖啡成分，相較之下可以抽取出豆子原本的風味。

知道這些，
更能享受咖啡帶
來的樂趣！

Q2

聽説喝咖啡會成癮，是真的嗎？

醫學上確實有所謂的「咖啡因戒斷症狀」，例如咖啡因排出體外時會想睡覺或頭痛等，但症狀通常會在兩、三天內消失。喝得越多，咖啡因的耐受性可能變強，但據說在心理或生理上並不會出現對咖啡因的依賴，大家可安心飲用！

參考文獻：Journal of Caffeine Research

Q3

喝咖啡會失眠？

提到咖啡，很多人都有喝了會睡不著的印象，但其實咖啡因只會在體內停留4～6小時，因此只要避免睡前飲用，就不會發生喝咖啡導致失眠的問題。此外，咖啡因還能提高血清素等神經傳導物質的濃度，具有抗憂鬱的效果，甚至有研究指出一天喝2～4杯咖啡能降低自殺率。感覺心累的時候，就是要來杯咖啡呀。

參考文獻：The Harvard Gazette

Q4

聽説咖啡可以解酒？

猛灌咖啡想要消除宿醉是沒有用的，效果爲零。不過，咖啡可以保護過度攝取酒精而受損的肝臟，據說一天喝4杯咖啡可以使肝硬化的機率降低65%。咖啡，謝謝你！

參考文獻：Alimentary Pharmacology and Therapeutics

不容小覷的超商咖啡

小小花費，大大滿足！咖啡達人也愛喝！

生活在日本真的非常方便，走進便利商店花個一百日圓，就能品嘗到現磨、現煮，品質也不錯的咖啡，而且還是二十四小時營業。我不獨愛哪一家，想喝咖啡時，附近有什麼便喝什麼。接下來就爲各位徹底剖析各家超商咖啡的不同（編按：這裡介紹的是日本超商的狀況）。

7-11

認知度超高的超商咖啡，無須介紹大家也都知道，簡單來說就是先到收銀櫃臺購買紙杯，再自行操作一旁的咖啡機。二〇一八年引進的新款機型有自動偵測功能，能感測紙杯尺寸，消費者只要按下按鈕，機器就開始磨豆並釋出咖啡。我的個性比較急，老想著「好了沒？好了沒？」並試圖中途打開，不過門板會在完成後才解鎖。

口感清爽，整體比例均衡。

味道

滋味簡單、美味。比例非常均衡，好入口，沒有什麼奇怪的味道。冷了也好喝。

FamilyMart

全家便利商店

和7-11一樣要在收銀櫃臺買紙杯，再自行操作咖啡機。二〇一八年之前都是用濃縮咖啡來稀釋，目前則採滴濾方式，味道上也有很大的改變。熱咖啡有兩種濃度可以選擇，還有美式及精品咖啡的選項。除了滴濾咖啡，還提供抹茶拿鐵、冰沙等飲品。

味道較重。

味道

以前用濃縮咖啡稀釋的時候帶有淡淡的柑橘香氣，現在則是咖啡味較重的重口味。適合喜歡苦味的人。

LAWSON

LAWSON

LAWSON咖啡的購買方式較不同，不需要自行操作咖啡機，而是由店員服務。採用濃縮咖啡稀釋，所以喝起來的感覺和滴濾式不太一樣，比較有濃縮咖啡加熱水的美式咖啡風味。因爲使用濃縮咖啡機，所以也提供拿鐵、摩卡、雙份濃縮咖啡拿鐵等選擇。

清爽的柑橘香氣。

味道

最明顯的是香氣，杯子就口時便會聞到。採用濃縮萃取，相較於其他超商，口感偏酸。

因爲住過西雅圖，想大聲說出這裡有多棒！

星巴克典藏咖啡系列 還沒喝過的話，現在馬上去試試！

我以前住在西雅圖，那裡有非常多星巴克，超過一百三十家。西雅圖是星巴克的發祥地，因此密集程度媲美日本的便利商店——喔，不對，甚至更高，可以說每隔幾公尺就有一家。

因爲星巴克是大型連鎖店，對以前的我來說比較不像咖啡館，更像是賣冰淇淋之類的甜品飲料店（星巴克不要打我）。以前想喝咖啡時，我都去獨立小店。

R
STARBUCKS RESERVE

只要看到星星圖案和英文字母R，就表示店內提供典藏咖啡。

但是！不知道從哪天開始，突然發現離我家最近的星巴克落地窗上出現了英文字母「R」。我抱著視察的心態去一探究竟，沒想到從此顛覆了我對星巴克的偏見。那就是「典藏咖啡」（Starbucks Reserve™）。

以前都覺得星巴克是甜品系咖啡，對不起！

星巴克典藏咖啡是什麼？

有什麼不同？

典藏咖啡是星巴克於二〇一〇年左右在美國境內試辦的特別企畫。顧客可自行選擇高品質的單品咖啡豆和萃取方式，由店內的咖啡師現場沖煮，讓消費者享受不同以往的咖啡體驗。之後於二〇一四年拓展到西雅圖的部分門市，接著在全球各地開設烘焙工坊（roastery）。東京的烘焙工坊於二〇一九年開幕。

位於西雅圖的星巴克總部。

有什麼特別？

不同於以往「從煮好一大壺的保溫咖啡壺中倒出一杯咖啡」這種單純的消費行爲，顧客可以先透過小卡了解各種咖啡豆的特色，從中選擇豆子，還可以挑選適合的萃取方式。過程中可以學習咖啡知識、自己選豆，是一種全新的體驗。當時我對咖啡完全不挑，咖啡館端出什麼，我就喝什麼，所以給我帶來很大的衝擊。喝起來的味道也讓我震驚，「原來咖啡的味道這麼廣！」

一定要試試Clover！

一部超過一百萬日圓的Clover。

帶給我衝擊的第一杯典藏咖啡出自名爲Clover的咖啡機。Clover原本是紐約某家咖啡館裡的咖啡機，星巴克當時的執行長霍華・舒茲喝過它做出來的咖啡之後和我一樣驚爲天人，從此便在星巴克典藏咖啡門市導入Clover咖啡機。這款咖啡機以數位方式控制萃取時間及溫度，可以將咖啡豆的個性發揮到極致，沖出最完美的一杯。有機會一定要試試。

星巴克典藏咖啡・東京烘焙工坊

前往咖啡愛好者的夢想國度

除了單純享用咖啡，還想進行各種體驗嗎？那就一定要走一趟烘焙工坊。全球第一家星巴克典藏咖啡烘焙工坊於二〇一四年在西雅圖市區開幕，之後陸續於上海、米蘭和紐約展店，東京店則於二〇一九年開幕。

目黑川河畔的
巨大烘焙工坊。

INFORMATION
東京都目黑區青葉台2丁目19-23
營業時間：7:00～23:00（最後點餐：22:30）

乍看很像科學研究所，但真的是咖啡館啦（笑）。

走進店內即可看見主要吧檯區，右邊是大型烘豆機，頭頂可見多條輸送管，用來運送咖啡原豆。建築中央聳立的巨大豆槽，用來儲存原

TOKYO

一進門即可看見
有如科學研究所的大型空間。

可以輕鬆與咖啡師交談的吧檯設計。

四層樓高的巨大銅製豆槽。

巨大的烘豆機最多一次可烘120公斤原豆。

車站時刻表般的翻牌式看板不斷出現各種文字。

豆，也是烘豆過程中不可或缺的設備。鑲嵌於牆面的歐洲車站風格翻牌式看板不時傳來喀噠喀噠的聲音，顯示著目前烘焙中的原豆種類。店內的各種陳設刺激著所有人的五官感受。

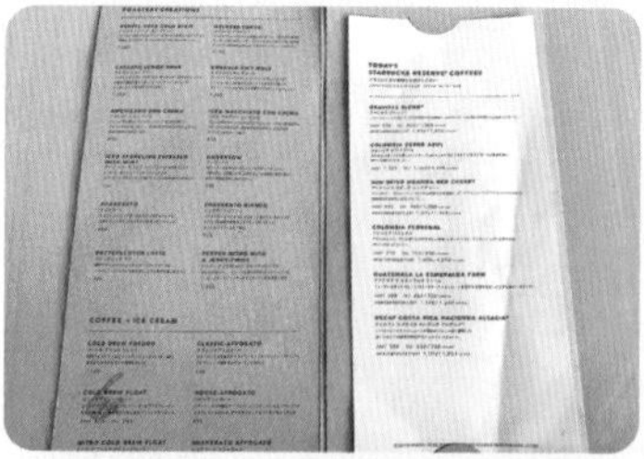

飲品單上有各種萃取方式及咖啡豆的特徵。

MENU

前文已經介紹過這裡可以自己選擇咖啡豆及萃取法。面對如此高門檻的點餐方式，或許有些人會不知所措，這時不妨請教店內的咖啡師，讓咖啡師根據你的喜好推薦適合的咖啡豆及萃取方式。如果想要同時喝到不同口味，不妨選擇「Flight」，這可以讓你挑選三種不同產地的咖啡豆，以相同方式呈現，從中比較各自的風味（編按：臺灣星巴克尚未提供此項服務）。

推薦可以一次評比多種
風味的「Flight」！

還有各種麵包
及糕點。

PRINCI®

一樓後方還有義大利麵包坊PRINCI。麵包和咖啡是絕佳搭配（這部分會在第三章介紹），第一次來的人一定要試試這裡剛出爐的麵包。我第一次吃PRINCI的麵包是在倫敦，當時我在路上走了好久，肚子餓得咕咕叫，於是到PRINCI買東西吃。飢腸轆轆，加上人在異鄉，讓我覺得這眞是我吃過最好吃的麵包了！這裡的麵包和糕點都是其他星巴克沒有的，每一種都令人食指大動！

早餐就吃焗烤番茄蛋。

2F

TEAVANA™

坐在窗前的吧檯座位可以近距離欣賞目黑川的櫻花。

二樓居然是喝茶的地方！星巴克的茶品系列和咖啡一樣多到讓人陷入選擇障礙，不妨請店員介紹、推薦。

3F

ARRIVIAMO BAR

走上三樓一樣驚喜連連，居然提供酒精飲料！除了一般的雞尾酒，還有濃縮咖啡馬丁尼等各種使用咖啡及茶調配而成的雞尾酒。當然，你也可以在這個樓層的吧檯享用咖啡和蛋糕。三樓還有戶外露臺，可以俯視目黑川，每年的櫻花季節都一位難求。

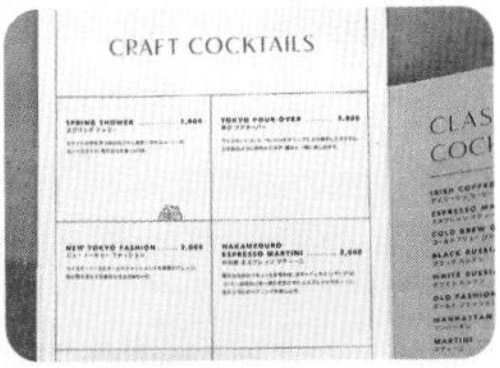

濃縮咖啡馬丁尼融合了苦味、甜味及圓潤口感。

4F

AMU TOKYO

樓梯的壁面裝飾有五千張典藏咖啡卡。

四樓是烘豆完成後的裝袋區及AMU Inspiration Lounge。AMU是日文「編織」的意思，這裡經常舉辦各種藝文活動及講座，藉此將人與創意「編織」在一起。

 英語小學堂　推薦你試試探索咖啡風味的「Flight」。 I suggest you try the coffee

全世界每天喝掉25億杯咖啡!?

人類飲用咖啡的歷史已有好幾百年，對咖啡的喜愛不分人種或國家。咖啡本身也有悠久的歷史喔！接著爲大家介紹各種咖啡小常識，絕對會讓你驚呼連連。而在日本，據說最早是在江戶時代初期從長崎的出島傳入，聽說還因爲味道太苦，完全不受當時的日本人喜愛呢。

全球咖啡消費量排行 TOP 5

參考文獻：World Population Review

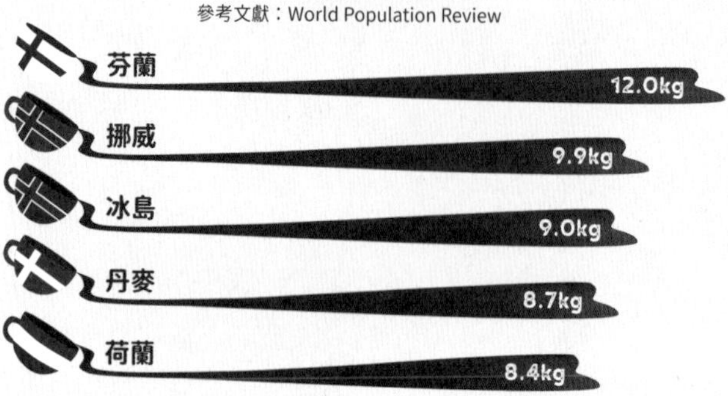

芬蘭
12.0kg
挪威
9.9kg
冰島
9.0kg
丹麥
8.7kg
荷蘭
8.4kg

每年的排行順序會有些變化，不過大多是北歐國家爲主。芬蘭人喝超多咖啡，第一次造訪時眞是嚇壞我了。北歐的冬天非常陰暗，永夜的時間長達好幾個月，或許才會喝這麼多咖啡吧。（編按：臺灣2020年的人均咖啡消費量爲1.8公斤。）

日本
3.6kg

日本的消費量意外地少，
完全不在榜上。

全世界每天喝掉多少咖啡？

咖啡受到全世界喜愛，重要程度與水、茶、啤酒不相上下，所以每日的飲用量有這麼多！我一天喝5杯，應該也貢獻了不少數字？（笑）各位親愛的咖啡同好，衆人的力量眞是不可小覷！

約25億杯

世界第一張
咖啡濾紙

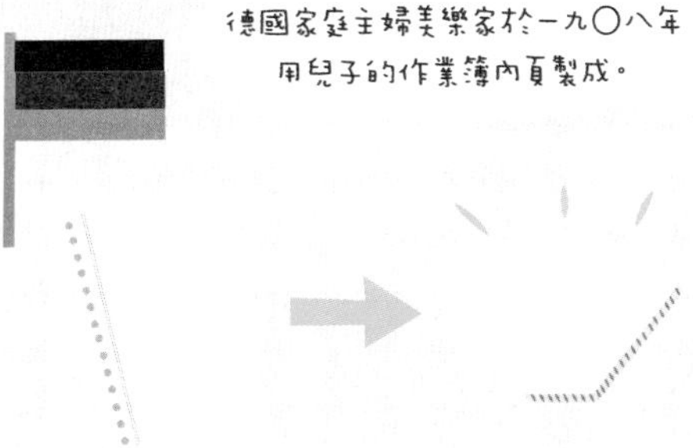
德國家庭主婦美樂家於一九〇八年
用兒子的作業簿內頁製成。

濾紙是由美樂家太太（Melitta）發明的。你發現了嗎？她就是全球最具代表性的咖啡機及咖啡濾紙公司美樂家的創辦人。

咖啡是冤枉的啊，
大人！

一六七五年，英國國王
禁止咖啡館！

英王查理二世曾頒布「咖啡館禁令」。當時英國的咖啡館是文人雅士聚集、討論時事與文化的地方，英王擔心人民群聚談論政治會影響政權，因此禁止人民出入咖啡館。

美式咖啡
誕生於第二次世界大戰期間

二戰期間，美軍駐守於義大利。因爲滴濾咖啡須使用大量咖啡豆，爲了降低用量，便在濃縮咖啡裡加入熱水稀釋飲用，據說就是美式咖啡的由來。

咖啡是全球交易量第二大的商品

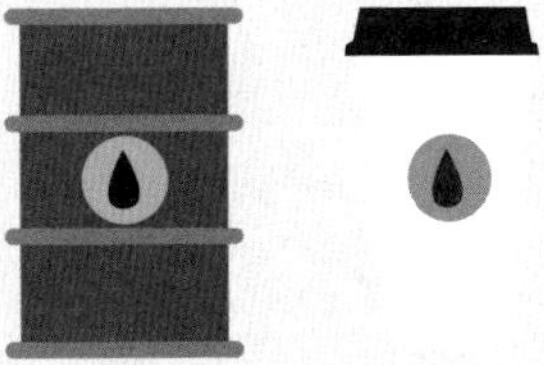

全球交易量第二大的商品就是咖啡，僅次於石油。畢竟全世界一天要喝掉25億杯咖啡，交易量之大也是可想而知。

咖啡起源的傳說

咖啡到底從哪裡來，又是怎麼變成飲品的呢？

咩～
最早發現咖啡的羊

卡洛迪

很久很久以前，西元九世紀，衣索比亞有個叫卡洛迪（Kaldi）的牧羊人。

???
咦，是在跳舞嗎？

有一天，卡洛迪發現他的羊吃了咖啡樹上的紅色咖啡果實之後，變得異常興奮。

哇喔，感覺眼睛都亮了！

跳舞的羊看起來很有趣。不對啊，牠們爲什麼跳舞？這個果實到底是什麼？我也來吃吃看。

帶一些回去！

於是，卡洛迪便把這些神奇的果實帶回去分給僧侶。

僧侶們覺得這個令人興奮的果實太邪惡了，便將它丟入火中。
這什麼東西！惡魔的果實！
不可以！不可以！不要丟掉啊～

結果……

沒想到，被丟入火中的咖啡豆發出陣陣香味，
就連僧侶也無法抵抗咖啡的這股香氣。
就說吧！
那、那也沒辦法了，再給這些果實一次機會好了……

於是，僧侶們取出焦黑的咖啡豆，
磨碎，並與熱水混合後試喝。

就這樣，咖啡誕生了，
十幾個世紀以來
不斷療癒人心，
並持續受到世人喜愛。
雖然這只是其中一種說法，
但無論如何，
我還是非常感謝跳舞的羊群，
真可說是可喜可賀！

劇終

參考文獻：A History of Food 2nd. ed. 2008. “Coffee in Legend”

對我來說，只要有咖啡喝就好

I LOVE ANY COFFEE!
COFFEE

我最早開始寫咖啡文章是在二〇一二年，一眨眼就過了十年。這些年來我喝了很多咖啡，去過許多地方、許多國家喝咖啡。因爲工作的關係，我有不少機會嘗試各種咖啡。許多人知道我的職業之後，遞咖啡給我時都會說：「你在寫咖啡的書，那這個你應該喝不習慣。」但事實根本不是如此啊！

這麼說或許有人不相信，但無論是罐裝咖啡、即溶咖啡，或是單品咖啡，我眞的什麼咖啡都喝。

例如，星期一喝美國烘豆坊寄來的豆子，自己磨豆並手沖；星期二寫稿時喝熱水沖泡的即溶咖啡，喝個沒完沒了；星期三特地搭一小時電車拜訪評價很好的咖啡館；星期四到朋友家品嘗沒喝過的豆子；星期五喝來自衣索比亞莊園、由農民悉心照料的單品咖啡。從中可以看出，我對咖啡的喜愛並沒有從一而終的一貫性。

別人特地爲我準備的咖啡就是特別好喝，而自己撥出空檔仔細手沖的咖啡，以及多年來持續飲用的即溶咖啡也很棒，任何一種都是我愛的咖啡。對我來說，只要有咖啡喝就好了。

也因此，收到朋友送的咖啡時，對我而言就像天上掉下禮物般驚喜。

COFFEE  LESSON

Chapter

2

咖啡基礎知識

BASICS ABOUT COFFEE

暖身完畢後，我們要往下一級邁進了。咖啡到底是什麼？來自哪裡？歷經什麼樣的旅程才來到我們手中呢？一起來了解這些似懂非懂的基礎知識吧！

咖啡是果實的種子！

咖啡到底是由什麼做成的？

沒想到吧，我們喝的是種子喔。這些散發香氣的褐色咖啡豆，其實都是咖啡樹果實的種子——果實因爲長得有點像櫻桃，所以又稱爲「咖啡櫻桃」。還有什麼植物能長出這麼好喝的種子!?這樣說來，咖啡眞是堪稱奇蹟。首先來認識一下這些果實成爲咖啡豆之前的樣子吧。

咖啡一詞
來自阿拉伯語
kafuwa？

Coffee Tree

【咖啡樹】

什麼樣的樹產出咖啡豆？

咖啡豆產自咖啡樹，原始的咖啡樹長得很像香蕉樹，充滿南國風情，有些甚至超過10公尺高，而種植在咖啡莊園裡的咖啡樹經過修剪，大多維持在2公尺左右。發芽生長後的咖啡樹，約3～5年會開出白色的花，花謝之後長出的綠色果實經過6～8個月後變紅，這就是咖啡櫻桃！整顆果實轉紅就可以採收了。

散發
茉莉花香。
種植之後約18～30個月
才會開花

Coffee Cherry

【咖啡樹的果實】

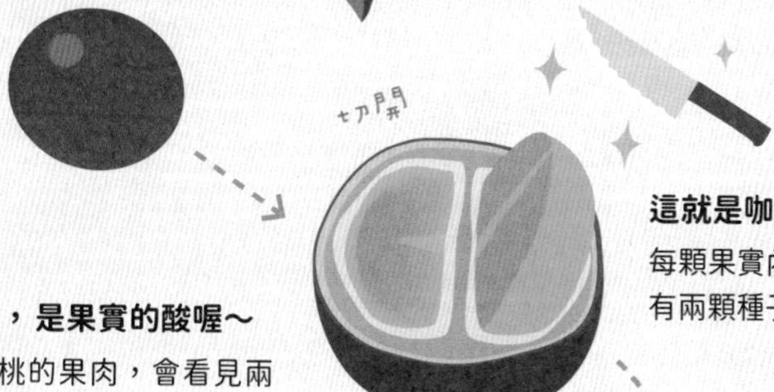
切開

這就是咖啡豆

每顆果實內
有兩顆種子。

咖啡的酸味，是果實的酸喔～

剝開咖啡櫻桃的果肉，會看見兩顆帶著黏稠外皮的淺綠色種子，這兩顆種子就是咖啡豆。取出豆子並經過烘焙，就會變成大家常見的咖啡豆了。

【生豆】
經過烘焙

咖啡就是咖啡
櫻桃的種子！

剩下的果實怎麼處理？

參觀巴西的咖啡園時，我第一次喝到由剩下的果肉乾燥製成的「咖啡果皮茶」(Cascara Tea)。喝起來有點酸酸甜甜的櫻桃味，又帶著點薔薇果的酸氣。日本國內也買得到，有機會還想喝喝看（編按：臺灣也買得到）。

 英語小學堂 咖啡豆其實是果實的種子。 Coffee beans are actually the seeds of a

咖啡的環球旅程——從產地到我們手中的咖啡杯

繞遍地球、經過許多人工作業才能完成！

現在大家都知道咖啡豆從哪裡來的了。其實，咖啡送到我們手中之前，經歷過很長一段旅程，我第一次知道時也非常驚訝！現在就來看看咖啡豆走過什麼樣的路吧。

咖啡樹

START

從咖啡樹出發

咖啡苗長成咖啡樹、開花結果，果實成熟後轉紅，咖啡豆的旅程就此展開。我去過哥斯大黎加、夏威夷和巴西的咖啡莊園（請見P136的介紹），眞想再去更多莊園看看！

咖啡櫻桃

HARVESTING

採收

採收成熟的咖啡櫻桃，有機械採收、搓枝法、人工採收等三種方式。高原上的莊園必須以人工採收，眞的非常辛苦！感謝莊園的工作人員。

最重要的篩選。
只選用成熟的咖啡櫻桃。

SELECTING

篩選

採收後從枝葉中挑出咖啡櫻桃，過濾尚未熟透的果實。這個步驟會以人工作業或機械作業進行。莊園的工作人員眞的很辛苦……

PROCESSING

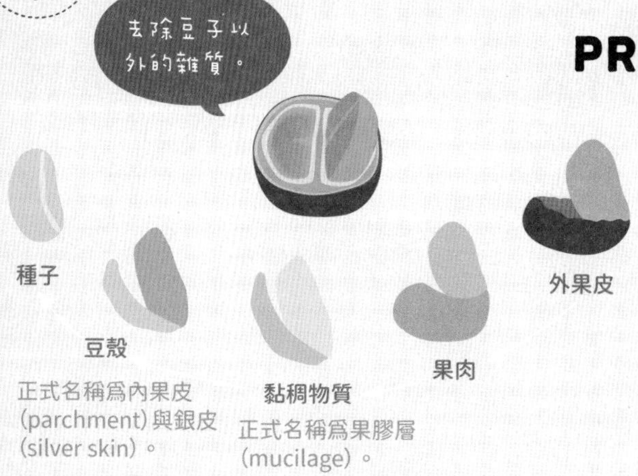
去除豆子以外的雜質。
種子
豆殼
正式名稱爲內果皮(parchment)與銀皮(silver skin)。
黏稠物質
正式名稱爲果膠層(mucilage)。
果肉
外果皮

處理

所謂處理，就是從果皮與果肉中取出種子。取出方式不同，就會產生不同的風味，眞是不可思議。咖啡實在很有意思。

處理方式有三種！

依據氣候、資本多寡、生產者喜好而有不同的處理方式，並沒有所謂的好壞，就好像豚骨拉麵和醬油拉麵各有所好。以處理方式評斷優劣實在很荒謬！

NATURAL 【日晒法】

以生果狀態自然乾燥→脫殼。特徵：具有獨特的風味及甜味／省水／對環境友善／易受天候影響

PULPED NATURAL 【果泥日晒】

以機械去除外皮與果肉→乾燥→脫殼。特徵：水洗和日晒兩種方法的折衷／風味均衡

WASHED 【水洗法】

以機械去除外皮與果肉→用水洗去黏稠物質→乾燥→脫殼。特徵：乾淨／均一／需要設備／使用大量的水

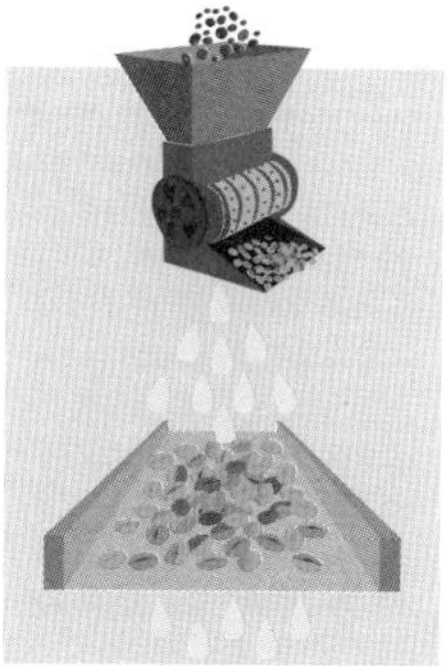

帶有甜味及果實的氣味。

清爽的酸味，帶有青草味。

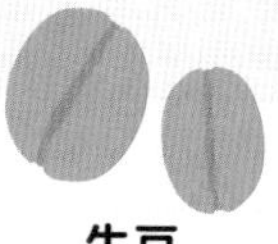
烘焙之前是這種顏色。

生豆

一段漫長的旅程要開始囉！

英語小學堂　從種子到你手中杯子的旅程。 The journey from the seed to your cup.

CUPPING

杯測

爲了確保品質，莊園會先取出部分咖啡豆烘焙，並進行杯測，以評比咖啡的風味。我也在巴西的莊園參與過杯測喔。

就像葡萄酒
盲測一樣喔。
豆子處理好了，
接下來呢？

COFFEE
COFFEE

BAGGING

裝袋

在莊園受到仔細呵護的咖啡豆即將展開旅程。用機械或人工將蟲蛀豆等瑕疵豆挑出來，裝入麻布袋裡。

程序這麼複雜，
太驚人了！
出發了！

TRANSPORTING

運輸

終於要出發前往日本了。世界各地的咖啡豆都是以生豆的狀態從產地送抵日本，裝進麻布袋之後，幾乎都是以貨櫃走海運。

ROASTING

烘焙

將生豆放入烘豆機，用火加熱來烘焙。如何展現咖啡豆的個性與特色，考驗著烘豆師的經驗與技巧。咖啡豆的成分會在過程中產生化學變化，咖啡的香氣、苦味、酸味、甜味就此產生。

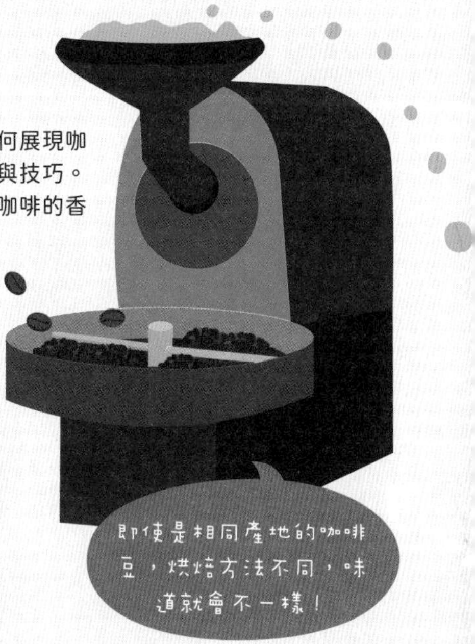
即使是相同產地的咖啡豆，烘焙方法不同，味道就會不一樣！

即將進入飲用的準備階段。

GRINDING

磨豆

根據沖煮方式選擇適合的研磨法，有手動或電動兩種。之後還會詳細介紹磨豆的方式。

還滿花時間和精神的！

SERVING

上咖啡囉

將咖啡倒入杯中，接著進入我們的口中！推薦選擇陶杯，盡可能不要用紙杯。我最喜歡在喝之前先享受撲鼻的咖啡香氣。

休息一下♡

BREWING

萃取

咖啡的萃取方式有很多種，每一種都有其特色及好處。不同的萃取方式，使用的熱水溫度、磨豆方式也不同，這部分會在第三章仔細介紹！

 英語小學堂 整袋的咖啡是以航運輸送。 Bags of coffee are transported by ships.

咖啡有兩大品種

「藍山」是咖啡品種嗎？

了解咖啡豆的製作流程之後，接下來要介紹更多咖啡樹的故事。咖啡樹有許多不同品種，常見的有阿拉比卡種與羅布斯塔種，就像白米的在來米與蓬萊米一樣。所以，藍山（Blue Mountain）或克里曼加羅／吉力馬札羅（Kilimanjaro）並不是品種，而是咖啡的品牌喔！

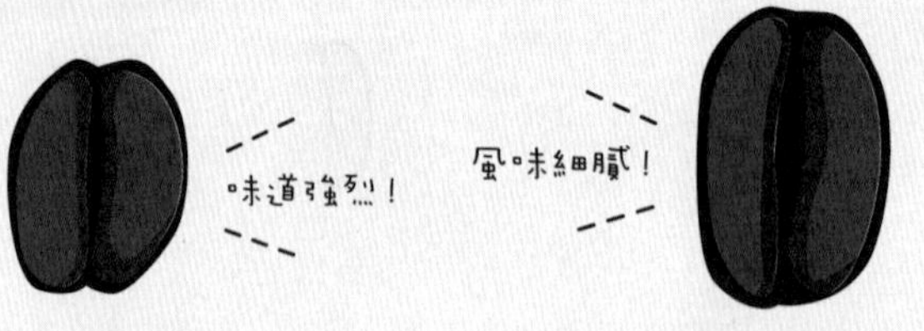

Robusta【羅布斯塔種】		Arabica【阿拉比卡種】
風味獨特 苦味強	**味道** 全球有超過一百種咖啡樹品種，但作爲咖啡飲用的品種只有阿拉比卡、羅布斯塔，以及賴比瑞亞（幾乎不在市面上流通）。	適度的酸味 與溫和風味
1.7%～4.0%	**咖啡因含量** 羅布斯塔的咖啡因含量約爲阿拉比卡的兩倍。羅布斯塔的味道及咖啡因都比較強烈，最有名的就是越南咖啡，因爲又濃又苦，所以飲用時會加入大量煉乳。眞想試試熬夜的效果會不會特別好（笑）。阿拉比卡則是喝起來較爲溫潤。	0.8%～1.4%
約25%	**全球流通狀況** 市占率約25%的羅布斯塔主要用途爲綜合咖啡與即溶咖啡，阿拉比卡則作爲精品咖啡使用。	約75%

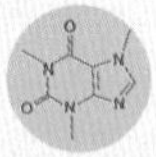

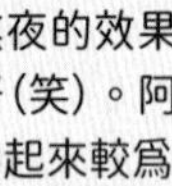

Robusta【羅布斯塔種】

Arabica【阿拉比卡種】

產地海拔

500m以下的平地也OK

海拔不同，種植出來的咖啡就有不同風味。海拔越高，等級及價格就越高，所以品名中若出現山的名字(例如克里曼加羅／吉力馬札羅或藍山)，就會比較高級！

900～2000m的高原

生長氣溫

20～30°C 熱一點也沒關係

羅布斯塔之名來自英文「robust」(強壯)一詞，因為這個品種很容易適應環境，生長較快。阿拉比卡種和其風味一樣較為纖細，不喜歡高溫高濕。

15～20°C 剛剛好的氣溫

開花到結果的時間

11個月

咖啡樹開花後兩天就謝了，所以我也沒親眼見過咖啡花。花謝之後不久就會結成綠色的果實，成熟時則會變成紅色的咖啡櫻桃。

9個月

我們經常飲用的阿拉比卡種又有藝妓／瑰夏(Gesha)、波旁(Bourbon)等栽培品種喔～

咖啡樹的高度

10～12m

羅布斯塔長得很快，可以超過10公尺。阿拉比卡則是約3公尺，但為了方便採收，通常會修剪為約2公尺高。

3～4m

英語小學堂 藍山是咖啡品牌。 Blue Mountain is a brand of coffee.

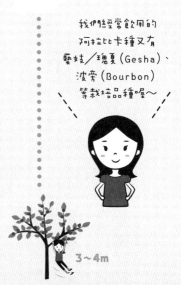

平常大口喝下的咖啡原來這麼珍貴！

一株咖啡樹採下的咖啡豆大約可沖33杯!?

「什麼?這麼少!」相信大部分人都會這麼想，感覺一株咖啡樹應該至少可以沖個一百杯左右吧。知道這件事之後我也嚇了好大一跳，原來最後能使用的咖啡豆這麼少，因此每次喝咖啡時我都非常珍惜。

一株咖啡樹每年可以產出多少咖啡呢……

換算成烘焙豆的話，大約是**500g**

咖啡豆經過烘焙，重量還會再減輕

採收成熟的紅色果實後，還必須剔除瑕疵豆，因此實際的量會變少。接著還要烘焙，水分蒸發後重量會再減輕，相較於剛採收下來的量，變得更少了。實際上可以使用的咖啡豆大約是0.5～1公斤。

一杯咖啡需要多少豆子呢？

ESPRESSO
DRIP COFFEE

40 顆

濃縮咖啡所需的咖啡豆約 10g。

65 顆

滴濾咖啡所需的咖啡豆約 15g。

一天喝2杯咖啡的人，一年需要的咖啡樹是……

2 cups

×

365 days

需要 **22** 株咖啡樹

什麼！
居然要這麼多？

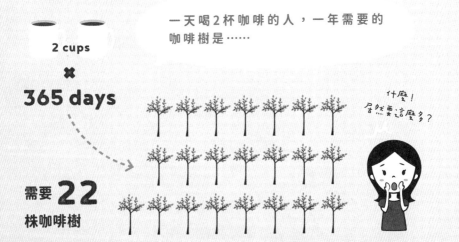

咖啡生長在「咖啡帶」上

原來咖啡樹都不是種在以咖啡著名的城市裡！

迷上北歐咖啡時，我有過「這些咖啡種在北歐嗎？」的念頭，查了之後才發現，不對呀，北歐根本不產咖啡！這些北歐咖啡只是在當地的烘豆坊烘焙，並不是產於北歐。因爲，只有特定氣候的區域才能種出咖啡樹。

什麼是「咖啡帶」？

從下圖可以看出，知名的咖啡產地都集中在赤道附近的北回歸線及南回歸線之間，因爲看起來就像環狀地帶，所以被稱爲「咖啡帶」(Coffee Belt)。乍看之下都是氣候炎熱的國家，但其實除了炎熱氣候，重點在於必須是海拔較高的高原及山坡地

BELT
越南
葉門
衣索比亞
印尼
肯亞
坦尚尼亞

形。想要種出好咖啡，雨水、日照、溫度、土壤、海拔這五個條件缺一不可。而除了圖中這幾個主要生產國，也有其他地方栽種咖啡，像是日本沖繩位於咖啡帶北端，目前也有幾個咖啡莊園（編按：臺灣也有栽種咖啡，主要集中於中南部，產量前三名的縣市爲屏東縣、嘉義縣、南投縣）。

咖啡最喜歡炎熱國家裡的避暑勝地了。

COFFE
夏威夷
墨西哥
牙買加
瓜地馬拉
巴西
烏干達
哥斯大黎加
宏都拉斯
薩爾瓦多
盧安達
哥倫比亞
尼加拉瓜
巴拿馬

 英語小學堂 咖啡樹主要生長在鄰近赤道的地區。 Coffee grows best in the area

就像牛排的熟度一樣!?

烘豆方式決定咖啡的風味

生豆必須經過烘焙才能飲用，而烘焙程度對咖啡豆的風味有很大的影響，就好像牛排的熟度一樣！烘得淺，可以品嘗到較新鮮的味道；烘得越熟，越能品嘗到炭火的香味。爲了將生豆本身的風味發揮到極致，必須選擇最適合每一款豆子的烘焙方式。

DARK

深焙

烘焙時間長，酸味會消失，產生較強的香氣與苦味。油脂會被逼出來，表面看起來油亮油亮的。

比較有歷史的
傳統咖啡館大多採深焙，
最近的咖啡館
則是以淺焙為主。
我個人偏好中焙！

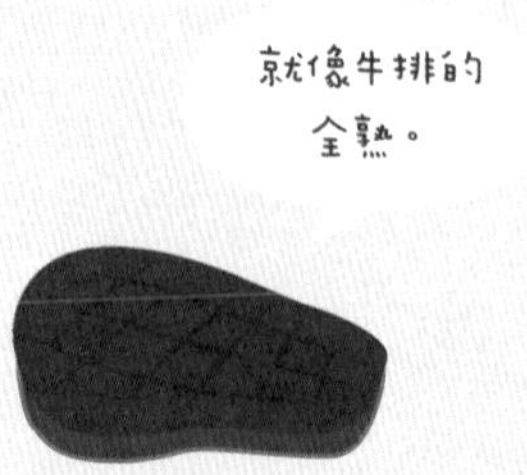
就像牛排的
全熟。

JM-DARK
DARK
BITTERNESS
苦味

【深城市烘焙】苦味較強，口感醇厚。適合冰咖啡。
【法式烘焙】苦味較強，幾乎沒有酸味。適合搭配牛奶。
【義式烘焙】苦味及香氣較強，適合濃縮咖啡。

LIGHT

淺焙

烘焙時間短，帶有酸味。豆子呈現淺茶色，表面沒有油脂。最能凸顯咖啡豆本身的味道。

MEDIUM-DARK
MEDIUM

中焙

相較於淺焙，更能引出甜味。焙度中等，香氣、味道與酸味達到很好的平衡。

就像牛排的一分熟。

就像牛排的三分熟～五分熟。

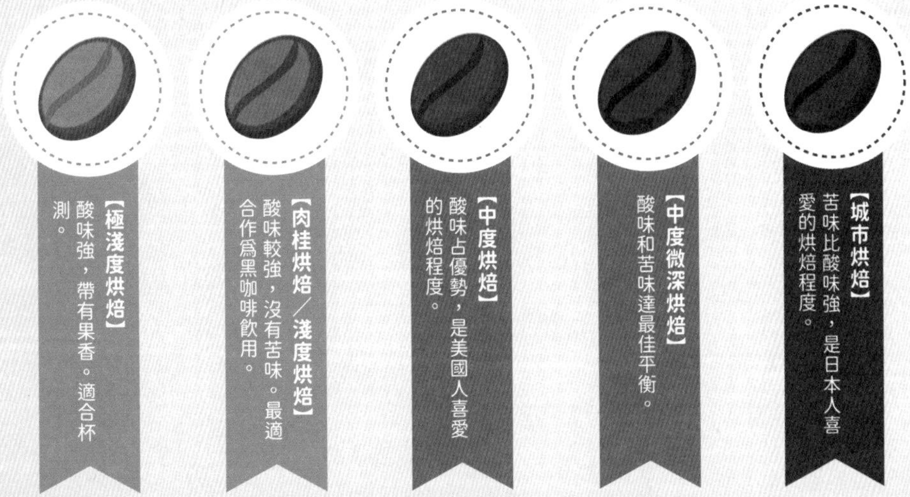

【極淺度烘焙】酸味強，帶有果香。適合杯測。

【肉桂烘焙／淺度烘焙】酸味較強，沒有苦味。最適合作爲黑咖啡飲用。

【中度烘焙】酸味占優勢，是美國人喜愛的烘焙程度。

【中度微深烘焙】酸味和苦味達最佳平衡。

【城市烘焙】苦味比酸味強，是日本人喜愛的烘焙程度。

什麼是「冷萃咖啡」？

和一般冰咖啡有什麼不同？

每到夏天，許多咖啡館就會推出「冷萃咖啡」（或稱冷泡咖啡）。冷萃咖啡和一般冰咖啡擺在一起時，看起來沒什麼不同，應該很多人不清楚兩者到底差在哪裡吧。這兩種都是冰的咖啡飲品，差別在於做法不同。而且，冷萃咖啡也可以在家自己做喔。讓我爲各位仔細說明。

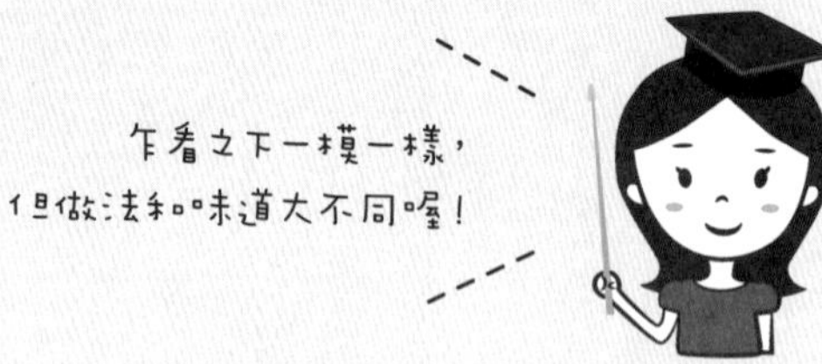

乍看之下一模一樣，
但做法和味道大不同喔！

VS

COLD BREW
冷萃咖啡

ICED COFFEE
冰咖啡

INGREDIENTS
材料

COLD BREW

ICED COFFEE

相同！

研磨過的咖啡粉

研磨過的咖啡粉

差別在這裡！

常溫水或冷水

煮沸的水

BREW TIME
萃取時間

COLD BREW

12～24小時

大大不同！

ICED COFFEE

2～3分鐘

將咖啡粉泡入冷水中，靜置12～24小時，再用濾紙過濾，如果是內附濾網的水壺就更方便了。15克的咖啡粉約使用240毫升的水。

以滴濾方式萃取，但其實什麼萃取方式都OK。可以做得濃一點，加入冰塊後就不容易變淡。也可以將沖好的咖啡做成冰塊喔。

PROS & CONS
優點・缺點

COLD BREW

ICED COFFEE

GOOD

COLD BREW:
- 酸味較少。
- 味道圓潤醇厚。
- 加冰塊味道也不會變淡。
- 可以在冰箱內保存約一週。

ICED COFFEE:
- 很快就能沖煮好。
- 香氣足。
- 抗氧化物較多。
- 需要的水與咖啡豆較少。

BAD

COLD BREW:
- 不能馬上喝到！要忍耐、要安排好時間。
- 需要的水與咖啡豆較多。

ICED COFFEE:
- 冰塊融化後味道會變淡。
- 大概30分鐘後會淡得像水，很難喝。

雖然較花時間、手續較繁瑣，但美味程度也會倍增！
在家也可以簡單製作冷萃咖啡，請大家務必一試。

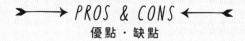

其實咖啡和葡萄酒很像？

從愛喝的咖啡猜出喜歡的葡萄酒

咖啡是一種將炒過的咖啡豆加水、過濾而成的咖啡因飲料，葡萄酒則是葡萄發酵後形成的酒精飲料，兩者截然不同。不過，居然可以從喜歡的咖啡猜出愛好哪一種葡萄酒!?應該很多人不太相信吧。

事實上，品咖啡和品酒時會使用共通的詞彙，像是「香氣」「醇度」「酸味」「風味」，所以我大膽假設可以從愛喝的咖啡猜出喜歡什麼樣的葡萄酒，不知道熟悉紅白酒的讀者覺得如何？如果你喜愛葡萄酒，但是之前很少喝咖啡，說不定可以作爲選擇咖啡的參考喔！

CASE 1 先從最正統的味道開始

黑咖啡

味道描述

水果味

乾澀味

RUCHÉ
CABERNET FRANC

【露詩】
【卡本內弗朗】

CASE 2 如果喜歡味道重一點的

濃縮咖啡

味道描述

醇厚

濃郁

CHIANTI
MÉDOC

【奇揚第】
【梅多克】

CASE 3 如果喜歡較溫順的口感

咖啡＋牛奶

味道描述

柔和

滑順

酸味低

CHARDONNAY
AMARONE
CABERNET SAUVIGNON

【夏多內】
【阿瑪羅尼】
【卡本內蘇維濃】

CASE 4 如果喜歡甜點的甜味

咖啡＋砂糖

味道描述

水果味

甜

RIESLING
MOSCATO
ZINFANDEL

【麗絲玲】
【蜜思嘉】
【金芬黛】

不敢喝啤酒的我從此愛上啤酒

居然有咖啡口味的啤酒!?

咖啡？

我非常不能喝酒，幾乎到了令人絕望的程度。尤其是啤酒，苦得要命，水水的又沒什麼味道，喝了還會頭痛，所以我本來以爲這輩子和啤酒無緣了，已經十幾年沒喝啤酒。

超難喝！

嗚——！

直到我遇見咖啡口味的啤酒。

印象中難喝到爆的啤酒，突然有了一百八十度的轉變，喝起來香氣好濃，又黑又濃的味道令我驚訝極了，心想，啤酒也可以做到這樣嗎!?

這杯咖啡口味的啤酒就是名爲「司陶特」(Stout)的艾爾啤酒(Ale Beer)。一般印象中的啤酒都是金黃色的，但司陶特是由經過深焙的麥芽製成，具有焦香味，所以喝起來帶有濃郁的香氣，口感非常厚重。

爲了增加風味，有些酒廠甚至會在製作過程中將烘過的咖啡豆浸泡在啤酒裡。

就這樣，司陶特啤酒在我心中引發了一場啤酒革命！從此，我喝遍國內外各地的啤酒，一頭栽進種類豐富的精釀啤酒世界之中。關於這個故事，請參考我的共同著作《享受吧！精釀啤酒》(*ENJOY! CRAFT BEER*，角川出版)。

詳情請參考這本書
ENJOY! CRAFT BEER

COFFEE BEER!

製作咖啡口味的啤酒！

一起釀造咖啡啤酒的同好。

某次我和精釀啤酒進口商艾伯特及DevilCraft啤酒餐廳的老闆之一麥克喝酒聊天時，聊起這本書，他們兩人說：「不如趁著這次出版，來釀些咖啡啤酒吧！」我說：「釀啤酒工程浩大耶！」麥克自信滿滿地表示：「這裡就有釀啤酒的專家啊！」於是我就真的和DevilCraft一起釀了咖啡啤酒。

麥克指派一項任務給我，讓我決定啤酒裡要加什麼豆子、要怎樣的烘焙程度。於是我準備了幾種咖啡豆，研磨後泡入棕色艾爾（Brown Ale）和水果啤酒（Fruit Ale）中。我帶著這些樣品和DevilCraft的人一起試飲，香氣十足的棕色艾爾和咖啡當然很搭，不過大家一致認爲百香果加上咖啡的味道喝起來有種不可思議的感覺，不但很有意思，也很有我的風格，於是最後決定就是百香果咖啡啤酒了！

請幾位專家試喝我這個門外漢帶來的樣品。

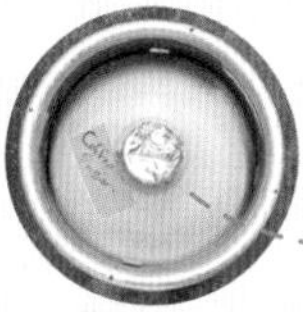

做了啤酒桶，可以接到店裡的啤酒機。

還設計酒標，完成了！

接下來就交給專業人士，請他們將材料全裝進酒桶裡，就完成了這款帶有百香果風味、喝起來非常咖啡的啤酒。實在太感動了。這款啤酒的酒精濃度低、果汁感十足，非常好入口，是我喜歡的口味。設計好酒標，終於完成了！

INFORMATION

DevilCraft（神田、濱松町、五反田、自由之丘）

 英語小學堂 我不太能喝酒。 I have a low tolerance for alcohol.

從愛喝的咖啡猜出喜歡的精釀啤酒

從此不再猶豫！如何選擇精釀啤酒？

藉著這難得的機會，我想跟大家介紹一個非常愛喝咖啡的啤酒老師，也就是和我合著《享受吧！精釀啤酒》這本書的史考特．墨菲。跟著他一起從愛喝的咖啡選出喜歡的精釀啤酒吧。

最有咖啡味的啤酒就是司陶特和波特(Porter)了，讓我為大家仔細說明！
真不愧是啤酒專家，麻煩你囉！

史考特．墨菲（Scott Murphy）
來自美國的音樂人，擔任ALLiSTER及MONOEYES樂團的主唱及貝斯手。與Weezer樂團的Rivers Cuomo組成Scott & Rivers，從事各項音樂表演活動。

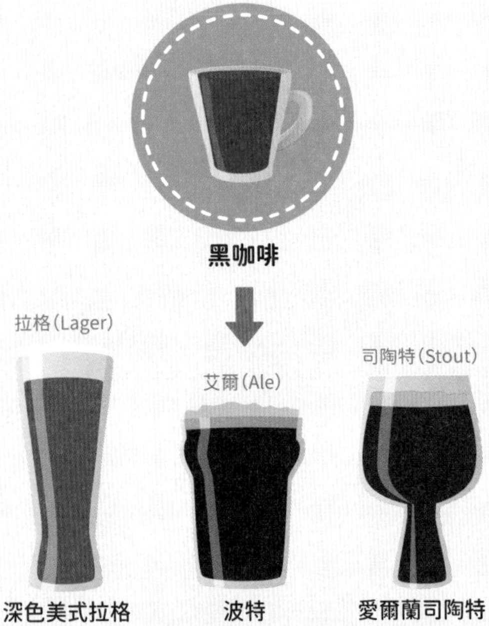
黑咖啡
拉格(Lager)
艾爾(Ale)
司陶特(Stout)
深色美式拉格
波特
愛爾蘭司陶特

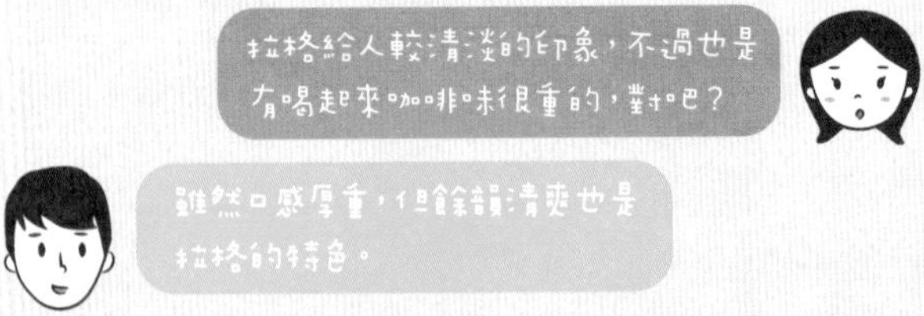
拉格給人較清淡的印象，不過也是有喝起來咖啡味很重的，對吧？
雖然口感厚重，但餘韻清爽也是拉格的特色。

拉格
艾爾
司陶特
濃縮咖啡
黑啤酒
黑色IPA
帝國司陶特
拉格
艾爾
司陶特
咖啡＋牛奶
梅爾森
棕色艾爾
牛奶司陶特
原來光是司陶特就有這麼多種類！
司陶特的口味可以有很多不同變化喔。
拉格
艾爾
司陶特
咖啡＋砂糖
勃克
蘇格蘭艾爾
甜司陶特

 從你喜歡的咖啡可以猜出你喜歡什麼啤酒。 Your coffee type can reveal

淺焙vs.深焙的戰爭

第三波咖啡浪潮（會於P.92詳細介紹）爲了發揮咖啡原有的風味，因此以淺焙到中焙爲主；第二波則大多爲苦味較重的深焙。這樣的變化是隨著時代潮流演變而來，不過到了最近，隱約可以感受到一股淺焙與深焙的戰爭，雖然大家嘴上不說，但似乎隨處嗅得到煙硝味呢。

我一直以來都是喝西雅圖的深焙豆，所以第一次在丹麥喝到淺焙時，受到很大的衝擊。但是，淺焙的清爽口味非常適合丹麥當時秋季的天空和冷冽的氣候，從那時起，我便也開始喝淺焙了。如今，我喜愛各種烘焙程度的豆子，享受不同的口感與個性。以前我都是配合當時的心情和天氣，選擇滴濾或拿鐵等不同種類的咖啡，後來認識了烘焙程度這個選項，也就能更廣泛地享受咖啡的樂趣了。

又過了幾年，我對三溫暖也有相同的經驗。以前我只知道日本那種熱得要死、空氣乾得要命的三溫暖，第一次走進蒸氣滿滿的芬蘭式三溫暖時，同樣遭受很大的衝擊。因爲了解各自的優點，現在我想洗三溫暖時，會依照當天的心情選擇乾式三溫暖或芬蘭式三溫暖，就像喝咖啡一樣。

無論是咖啡，還是三溫暖，都各有適合當地風土民情的優點，而且人的身體在一天當中也會隨時產生變化。每天早上選擇適合自己的咖啡，就能帶給你愉快、美好的一天。

COFFEE COLUMN 2
咖·啡·專·欄

COFFEE LESSON

Chapter

3

在家享用咖啡

BREWING COFFEE AT HOME

對咖啡有基礎了解之後，就要自己動手沖咖啡了！這一章請來專家告訴大家如何把咖啡沖得更好喝。從選豆、挑選適合的器材，到沖煮方式，都會一一介紹。一起跟著專家學習如何在家裡做出一杯美味的咖啡吧！

選豆

豆子的好壞決定咖啡的美味程度！

想在家裡沖煮咖啡，就從挑選、購買咖啡豆開始。挑選咖啡豆時，店員總會問好多問題，像是國家、品種、酸味、稠度等。店員問得越多，很多人的腦袋就越混亂，最後只好說：「請給我最普通的那種。」我太能體會這種心情了。大家不用擔心，現在就跟著不拘小節又神經大條的我一起學習「差不多就好」、但可以確實認識「咖啡」的不同口味特色，以及挑選方式吧。

針對在家沖煮咖啡，我們迎來的第一位專家是cafeoro公司的負責人山下敦子小姐。第一次喝到山下小姐沖的咖啡時，我忍不住脫口而出：「眞的假的！」她的咖啡喝起來非常細膩、溫和而清亮，因爲她總是帶著愛，一顆一顆地烘焙、分級，然後裝袋，還常在店裡舉辦各種咖啡講座。這次幫大家找的這位專家實在太完美了！

山下敦子
cafeoro股份有限公司的負責人、咖啡總監，以「用咖啡串聯全世界」爲宗旨，爲客戶提供高品質的咖啡豆。收到訂單後才烘焙，所有流程皆以手工進行，仔細裝袋後販售。
http://cafeoro.co.jp

STEP 1 找到值得信賴的店家

剛開始，最好的方法就是詢問店員。不妨先試店裡推薦的豆子，以這款豆子爲基準找出自己喜歡的口味，例如再稍微苦一點比較好，或是喜歡甜味重一點的。找到一家願意讓我們多方嘗試、樂意分享各種咖啡常識的店非常重要喔。

就跟美髮沙龍一樣，對吧？遇到值得信賴的髮型設計師之後，就可以嘗試不同的新髮型了。

其實咖啡是生鮮食品，鮮度非常重要，因此重點在於選擇一家可以自由決定購買重量的店，每次少量購買喔。

如果找不到喜歡的烘豆坊，不妨從山下小姐店裡的咖啡開始嘗試！

STEP 2 找出自己喜歡的豆子！

大致可以分
成兩類！
偏苦
偏酸

可以大膽地將豆子分成兩種。你喜歡偏酸（水果味），或是偏苦（巧克力味）呢？或許有些人會想：「咦，不用知道哪裡的豆子、什麼味道嗎？」當然沒關係囉，從這裡就可以慢慢找出喜愛的咖啡口味了。

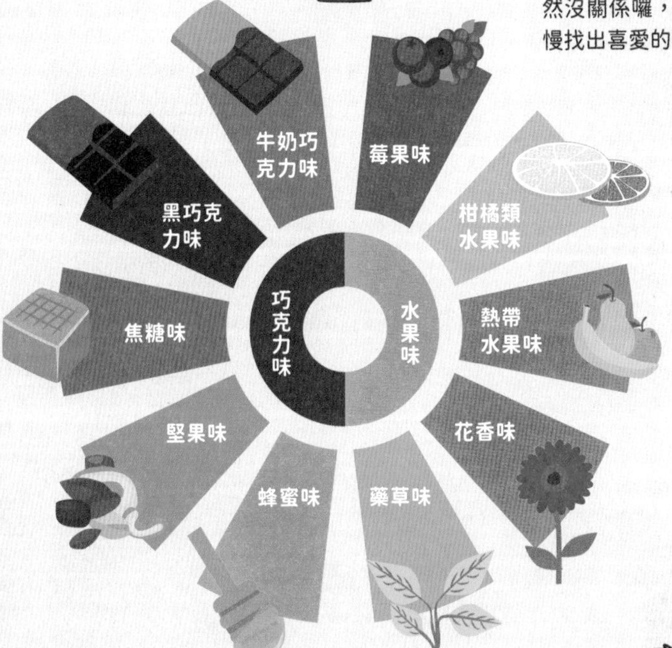
巧克力味
水果味
牛奶巧克力味
黑巧克力味
焦糖味
堅果味
蜂蜜味
藥草味
花香味
熱帶水果味
柑橘類水果味
莓果味

可以使用這些字詞
和店員溝通，讓對
方為你選擇適合的
豆子喔！

STEP 3 了解各國的咖啡豆種類與味道特色

接下來請山下小姐為大家列舉各國咖啡豆的特色，
一起來認識全世界的咖啡吧。首先從中南美洲開始！

【中南美洲】

BRAZIL
巴西

味道	均衡度佳，喝起來順口
特點	○生產輸出量全球第一。 ○有許多大規模咖啡莊園。

剛入門不妨選擇巴西的豆子。

評論

COSTA RICA
哥斯大黎加

味道	味道高雅、溫順醇厚
特點	○政府大力推動咖啡樹種植。 ○法律規定只能種植阿拉比卡種。 ○果泥日晒法的發源地。

在哥斯大黎加喝到的當地產咖啡
眞的好好喝喔！

評論

COLOMBIA
哥倫比亞

味道	北部：厚重　　中部：適中 南部：水果味重
特點	○北部、中部、南部各有特色。 ○有很多高海拔莊園，以手工採收居多。

不同產地可以喝到溫潤口感、酸
味較強等不同風味。

評論

中南美的豆子喝起來
就是特別順口。

GUATEMALA
瓜地馬拉

味道 溫和的酸味和剛剛好的醇度

特點
- ○火山灰土壤培育出高品質的咖啡豆。
- ○瓜地馬拉國內的高品質咖啡豆，以安提瓜（Antigua）產的最有名。

七成領土都是火山，溫差非常大又多雨，很適合咖啡樹生長。

評論

EL SALVADOR
薩爾瓦多

味道 口感清亮但整體均衡度高

特點
- ○美洲大陸面積最小的國家，但咖啡產量約占全球總生產量的1.2%。
- ○種植許多波旁原生種。

曾因內戰導致咖啡栽培業衰退，目前正積極復甦。

評論

NICARAGUA
尼加拉瓜

味道 清爽的酸味

特點 ○咖啡是主要經濟作物。

HONDURAS
宏都拉斯

味道 高質感的酸味，後味清爽

特點 ○中美洲最大的咖啡生產國。

這兩個國家對日本的出口量都不多，但近年來因品質高而備受矚目！

評論

英語小學堂 中南美洲的咖啡豆喝起來很順口。 Coffee beans from Latin American

藝妓、藍山等品牌
一應俱全。

PANAMA
巴拿馬

味道　絕佳的花香調

特點
- 〇藝妓咖啡生產國。
- 〇藝妓咖啡持續擁有高品質、高評價。

藝妓咖啡之名起源於當初將咖啡苗從衣索比亞的一處森林Gesha（音同日文的「藝妓」）帶回培育，受到非常好的評價。

評論

MEXICO
墨西哥

味道　恰到好處的稠度

特點
- 〇幾乎只種植阿拉比卡種。
- 〇全球的有機咖啡約有六成來自墨西哥。

一直以來都是產量穩定的國家。

評論

JAMAICA
牙買加

味道　高雅且整體均衡度佳

特點
- 〇藍山咖啡生產國。
- 〇受歡迎程度與夏威夷的科納咖啡(Kona)不相上下。

根據當地政府法規，只有在藍山地區栽種、於政府指定的工廠加工的咖啡才能稱爲藍山咖啡。

評論

【亞洲・太平洋】

ASIA/PACIFIC OCEAN

東南亞走厚重口味路線。

HAWAII
夏威夷

味道　順口而溫和的酸味

特點
○以科納咖啡聞名。
○夏威夷島的科納地區栽種的才能稱爲科納咖啡。

由於產量稀少，許多廠商會混入其他咖啡豆，然後以「科納咖啡」之名出售，所以別忘了確認原豆比例。

評論

VIETNAM
越南

味道　羅布斯塔種味道較苦，香氣也較重

特點
○羅布斯塔種的產量世界第一。
○味道較強烈，通常製成混合咖啡，或加入煉乳飲用。

飲用100%羅布斯塔種的咖啡，會有一股橡膠輪胎般的強烈味道。

評論

INDONESIA
印尼

味道　口感醇厚

特點
○曼特寧咖啡(Mandheling)生產國。
○總產量的90%是羅布斯塔種，10%是阿拉比卡種。曼特寧則屬於阿拉比卡種。

曼特寧的酸度較低，適合喜歡濃烈醇厚味道的人飲用。

評論

英語小學堂　東南亞的咖啡豆喝起來有土味。 Southeast Asian beans taste earthy.

【中東・非洲】

MIDDLE EAST/AFRICA

YEMEN
葉門

味道	非常有個性，帶有果酸
特點	○衆多歌手翻唱過的〈咖啡倫巴〉這首歌裡提到的「摩卡馬塔利咖啡」（Mokha Mattari）非常有名。 ○摩卡咖啡之名來自全世界最早的咖啡輸出港——葉門的摩卡港。

說起昭和時代的咖啡館，就會想起葉門的摩卡馬塔利咖啡。

評論

ETHIOPIA
衣索比亞

味道	華麗的香氣，帶有果酸
特點	○咖啡的發源地，以哈拉摩卡咖啡（Mocha Harrar）、西達摩摩卡咖啡（Mocha Sidamo）聞名。 ○境內還有許多野生種。

咖啡迷爲之瘋狂的國家，據說咖啡樹最早就是在衣索比亞被發現的。

評論

KENYA
肯亞

味道	果香味強，具有清爽的酸味
特點	○與坦尙尼亞並列非洲人氣咖啡產地。 ○一年有兩次雨季，因此每年可收成兩次。

肯亞的咖啡品質非常好，在日本也一直非常受歡迎。

評論

原來非洲的咖啡豆果香味較濃呀～

TANZANIA
坦尙尼亞

味道　後味清爽

特點
○克里曼加羅咖啡生產國。
○豐富的降雨量與火山灰非常適合咖啡生長。

克里曼加羅的定義較廣，只要是布可巴（Bukoba）地區「以外」採收的咖啡，都稱爲克里曼加羅。

評論

UGANDA
烏干達

味道　羅布斯塔種獨特的苦味

特點
○說到烏干達，就會想到羅布斯塔種。
○近年來開始少量栽種阿拉比卡種。

烏干達的咖啡較不爲人知，但最近在日本也可以買到了（編按：臺灣也買得到烏干達咖啡）。

評論

RWANDA
盧安達

味道　有盧安達咖啡獨特的清爽酸味

特點
○歷經種族屠殺與內戰，近年來致力於咖啡栽種。
○咖啡爲國內的重要農業，政府也大力支持。

我非常喜歡盧安達的豆子！

評論

英語小學堂　真想在非洲和獅子一起發懶。 I would like to snuggle with a lion in

挑豆決定了咖啡的味道！

什麼是瑕疵豆？

每一顆都非常珍貴！

有一次，我去參觀山下小姐烘豆的過程。她先把生豆倒在白紙上，鋪平後一顆一顆檢查，挑出「瑕疵豆」，也就是不合格的豆子。有些豆子我實在看不出哪裡有瑕疵，但跟好的豆子放在一起就一目了然。多數的瑕疵豆不是蟲蛀，就是變形或破裂。

雖然這些豆子從生產國出口前就經過篩選，但山下小姐還是會再挑豆。

攤開來看會發現……

這是什麼意思呢？
?
?
仔細瞧瞧……

破裂

蟲蛀

有些豆子雖然破掉，但還是豆子不是嗎？我問山下小姐：「烘過之後不是都一樣？」聽完說明，我才知道豆子的形狀如果不

規則或不完整，會導致烘豆時受熱不均勻，蟲蛀豆或過度發酵的豆子也會影響味道，使整鍋咖啡豆產生惡臭或異味。

烘完後還要挑一次!?

而且，山下小姐居然會在烘完後再挑一次豆，她說這是沖煮好咖啡的過程中非常重要的步驟。山下小姐的咖啡喝起來確實非常順口，還有一種山泉水般的清爽和清透感。一定是因爲挑豆很仔細的關係。

回家後，我把家裡的咖啡豆倒一些出來看看。光是這麼小小一把，沒想到居然就有這麼多瑕疵豆！

越看越覺得咖啡豆好可愛……

以前我從未特別留意咖啡豆的形狀，甚至覺得豆子長得不一樣很有個性，還滿可愛的，但還是決定挑出瑕疵豆。我在心裡向它們說聲抱歉，只留下好豆子再沖一次喝喝看，味道果然清澈多了。

你是不是覺得把瑕疵豆挑出來丟掉很可惜呢？其實有一種方法可以讓瑕疵豆發揮身爲咖啡豆的最大功能：把瑕疵豆放入玻璃容器中，拿來當筆筒使用。此外，咖啡豆有除臭效果，因此可以裝進不織布袋子裡，再放入鞋子中，可以消除異味喔。

 英語小學堂 我爲不合格而被淘汰的豆子感到可惜。 I feel sorry for the beans that

不要買磨好的豆子

咖啡豆要在家裡自己磨，還是請店家家磨？

坂尾先生在澳洲當過背包客，在當地認識了咖啡及咖啡文化，深受這種人與人的連結感動，回國後致力於介紹這樣的咖啡文化，從此一頭栽進咖啡的世界。坂尾先生的咖啡館名稱「ONIBUS」取自葡萄牙文的「公車」「爲所有人」之意，蘊含著以咖啡繫起人與人的連結這個想法。

ONIBUS COFFEE八雲
東京都目黑區八雲4-10-20
https://onibuscoffee.com

坂尾篤史

ONIBUS COFFEE負責人。二〇一二年於東京世田谷區的奧澤開了第一家店，目前共有東京都內五家、越南一家等六家店。積極拜訪非洲及中美洲的咖啡莊園，重視可促進咖啡產業永續發展的交易及生產履歷。

終於要進入沖煮咖啡的階段了。這個部分邀請到經常爲我解答各項咖啡疑難雜症的ONIBUS COFFEE負責人坂尾篤史先生登場，請他從磨豆子開始，向大家介紹各種不同器材的沖煮方式、順序及訣竅。

STEP 1 請信任的店家幫忙磨豆

請坂尾先生教我們如何在家裡沖煮出一杯好喝的咖啡。如果不想在咖啡館買咖啡、不喝即溶咖啡，想要在家裡自己做，就必須從買豆、磨豆開始，那麼到底該怎麼做呢？

首先要在咖啡館買豆子，並請他們幫忙磨豆。先告訴店家想要如何沖煮，例如滴濾或法式濾壓，店家會根據你的沖煮方式選擇適合的研磨程度，這樣是最令人放心的。咖啡館的磨豆機性能非常棒，刀片也很銳利，磨出來的豆子會有較好的萃取率。新手還不太懂得如何掌握研磨程度，剛開始不妨交由店家判斷。

STEP 2 在家裡自己磨豆

磨豆機的種類
好多喔！

喝完店家幫忙磨的豆子之後，接下來如果想嘗試自己磨豆，應該如何選擇磨豆機呢？

先從價格判斷。磨豆機的價格區間非常大，從三千多日圓到四萬多日圓都有。高價磨豆機採用陶瓷刀片，磨出來的粗細均勻；三千～一萬日圓的磨豆機沒有太大差別，可以選擇喜愛的造型款式。手動和電動的差別則在於磨起來輕鬆或費力而已！

憑感覺選
就可以了！

手搖

適合講究的人
工藝感較重

電動

適合粗線條的懶人
就是輕鬆

可以在超市買磨好的豆子嗎？

ビ

這麼做就好像買一瓶已經開封的啤酒，不太推薦喔。請務必購買明確標示烘豆日期的新鮮豆子，並配合沖煮方式選擇適當的研磨程度。

英語小學堂 買磨好的豆子，就像購買已開封的啤酒一樣。 Buying ground beans is

一樣的豆子，味道卻更好！

讓咖啡更好喝的八個重點

終於要進入「萃取」階段，也就是沖煮咖啡的作業。為大家介紹市面上容易取得的各種器材，由坂尾先生逐一解說選購時的重點，以及如何使用該器材沖煮出好喝的咖啡。事不宜遲，現在就請坂尾先生告訴我們沖煮咖啡時最重要的八件事吧。這八個重點適用於所有萃取方式。

我自己很喜歡嘗試，也買了許多不同的器材，但因爲個性急躁，又是個粗線條，看在老師眼裡應該會覺得我簡直亂沖一通。請大家和我一起從頭學習如何以各種器具泡出好喝的咖啡吧。

在家裡沖煮咖啡時，
我認爲最重要的就是
「享受當時的空間與時間」。

這想法太棒了！雖然沒有什麼比好喝重要，但只要珍惜每一個當下，就能讓咖啡變得更好喝，對吧？

下一頁開始介紹
各種器材的沖煮方式。

最該留意的八個重點

計算時間

最最重要是「均勻」

以工具進行精準測量

選擇適合的研磨程度

重點在於如何提升「萃取率」

8 POINTS to KEEP IN MIND

一定要新鮮的豆子

祕訣在於「攪拌」

確實而迅速

 享受在家沖泡咖啡的體驗。 Enjoy the experience of brewing coffee at

我平常使用的是博登(bodum)的法式濾壓壺，
用攪拌棒或湯匙攪拌都 OK！

FRENCH PRESS

【法式濾壓壺】

將咖啡粉泡在熱水裡，以浸泡的方式萃取，最大的特色是能完全抽取出咖啡的成分及味道。不需要任何技巧，每次都能沖煮出穩定的品質，是最簡單的萃取方式。我剛開始學習在家沖咖啡就是從法式濾壓壺入門的。

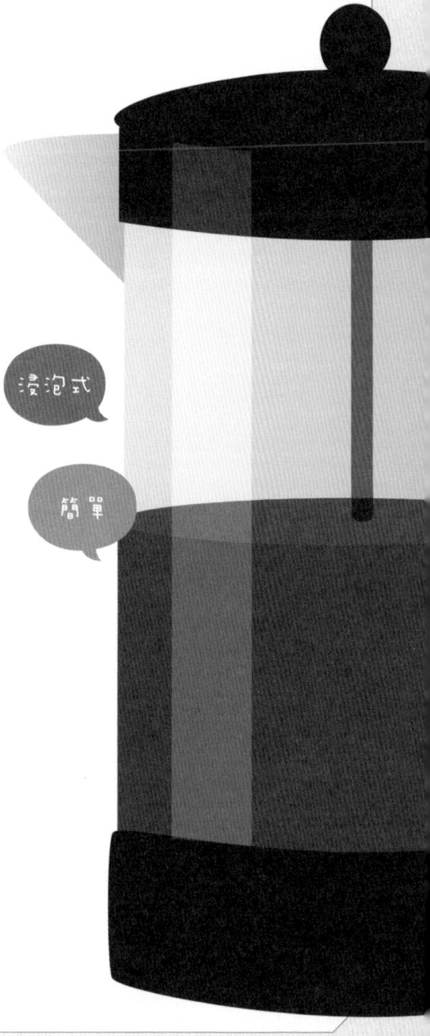

RECIPE　坂尾先生的配方

研磨程度	中研磨（和粗糖差不多）
比例	水16：咖啡1 (水240cc，咖啡15g)
悶蒸	4分鐘
熱水	沸騰的水
味道	能萃取出咖啡所有的氣味，無論是好的風味或劣質咖啡的怪味，都無所遁形！

重點在於一口氣將熱水全部注入！
攪拌均勻也非常重要。

沖煮方法

步驟簡單，最適合入門。

需要準備的有
法式濾壓壺、攪拌棒。

1 一口氣倒入熱水。 0:00

將濾壓壺放在電子秤
上再注入熱水，直到
磅秤顯示255g。

2 悶蒸4分鐘。 4:00

有沒有加蓋都無所謂。

3 攪拌。

讓咖啡粉充分混合。

4 將濾網向下壓到底。

 英語小學堂 法式濾壓壺不需要太多技巧。 You don't need much skill to use a

我使用的濾滴杯是 HARIO V60。
記得挑選適合濾杯款式的濾紙喔！

PAPER DRIP

【滴濾式】

以濾紙將浸泡在熱水中的咖啡粉過濾出來，隨著沖煮的技巧越好，越能做出一杯符合自己喜好的咖啡，很有挑戰性，也很能從中享受到沖煮咖啡的樂趣。我自己也還在透過每天的沖煮進行各項嘗試與學習。

容易沖出
自己喜歡的風味
很有「自己手沖」
的感覺

RECIPE　坂尾先生的配方

研磨程度	中研磨（和粗鹽差不多）
比例	水17.3：咖啡1 （水225cc，咖啡13g）
悶蒸	30秒
熱水	約95°C
味道	口感清爽，可去除雜味，品嘗到咖啡的菁華。

濾紙的味道會對咖啡豆造成影響，記得先用熱水將濾紙打濕。
第一次注水後可以攪拌。

沖煮方法

技巧越好，越能沖出當中的深奧。

需要準備的有
濾杯、濾紙、咖啡壺或杯子。

1 悶蒸。 0:00

將濾杯置於咖啡壺上，再放上電子秤，第一次注水至磅秤顯示40g。

2 拿起濾杯，稍微轉動攪拌一下。

讓咖啡粉均勻地浸泡到熱水。

3 從中心點注入熱水，均勻澆在全部的咖啡粉上。 0:30

第二次注水至120g。

4 繼續從中心點注入熱水。 1:00

第三次注水至180g。

5 2分半至3分鐘內滴濾完畢。 1:30

第四次注水至225g。

最適合粗線條的人！ 浸泡式濾杯 | **分量** 水300cc，咖啡18g

1 悶蒸。

將開關往上推，關住閥門，讓熱水不會流出來。

2 注水。

第二次注水至電子秤顯示300g。

3 完成。

打開閥門，讓咖啡往下滴。

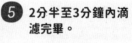

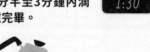

愛樂壓只有一種品牌，
整組器材包含活塞壓筒、濾蓋等所有需要的東西。

AEROPRESS

【愛樂壓】

長得很像放大版針筒。乍看之下形狀有點複雜，或許會讓人卻步，但其實非常簡單，完全不會失敗。所以，有陣子我完全沉迷於愛樂壓之中，每天都用這一組沖咖啡喝。

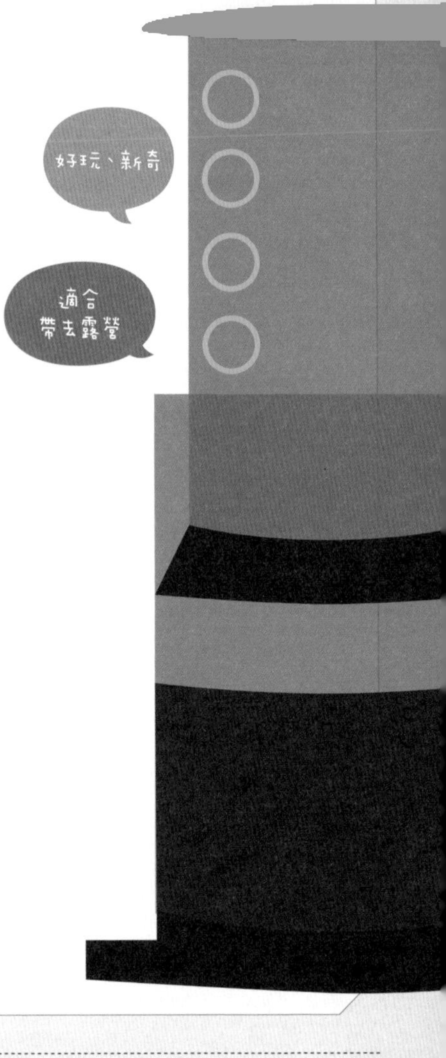

RECIPE　坂尾先生的配方

研磨程度	細研磨（和食鹽差不多）
比例	水11：咖啡1 （水200cc，咖啡18g）
悶蒸	30秒＋20秒
熱水	約85°C
味道	香氣強，喝起來帶點濃稠感。

不用太多時間，馬上就能按壓出來！

使用簡單，但想要講究的話，還是可以沖出完美的咖啡。

沖煮方法

便宜又好玩的新形態工具。

需要準備的有
愛樂壓咖啡組（以套裝方式出售）。

1 打濕濾紙。

2 將濾蓋裝在濾筒上。

3 注水。 0:00

放在電子秤上，第一次注水至磅秤顯示30g。

4 悶蒸。

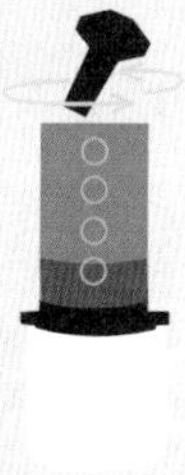

攪拌。

5 0:30

注水至200g，再攪拌一次。

6 將壓筒一口氣往下壓。

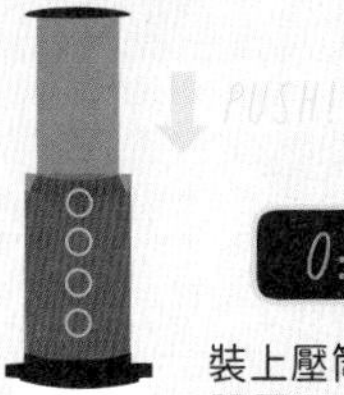

0:50

裝上壓筒，在時間顯示50秒～1分10秒之間（亦即20秒內）將壓筒壓到底。

比較一下風味有何差別！ 更簡單的沖煮方式

1 注水。 **2 攪拌。** **3 注水。** **4 攪拌。** **5 下壓。**

1. 第一次注水至濾筒上的數字1。
2. 攪拌五次。
3. 第二次注水至數字4。
4. 攪拌一次。
5. 將壓筒壓到底。

 英語小學堂 愛樂壓也可以翻轉過來使用。 There is also an inverted method for

除了這個摩卡壺，不需要其他器具。
有大、中、小各種尺寸。

MOKA POT

【摩卡壺】

爲了在家裡享用濃縮咖啡而特地買一部機器，這樣的門檻挺高的。不過只要有一個摩卡壺，就可以做出「幾乎一樣」的濃縮咖啡。學會使用摩卡壺之後，就能做出拿鐵、卡布奇諾、摩卡等不同種類，在家沖煮咖啡時也會一口氣多出不少變化。

操作簡單
可做出
咖啡飲品的
各種變化！

RECIPE 坂尾先生的配方

研磨程度	極細研磨（和細砂糖差不多）
比例	水4.6：咖啡1 (水60cc，咖啡13g)
味道	利用高壓沖煮，所以味道非常接近濃縮咖啡。

有1～18杯等各種尺寸
可以選擇！
手殘也可以沖出好咖啡。

沖煮方法

不需要特別的技巧，就能輕鬆做出濃縮咖啡。

需要準備的有
摩卡壺（有各種尺寸）。

1 從中間轉開摩卡壺。

2 將咖啡粉倒入粉槽中，水倒入下壺。

將咖啡粉抹平
並壓實。

3 將上下壺用力扭緊。

4 咖啡開始進入上壺時熄火。

聽見「啵啵啵」的
聲音，就表示已
經開始萃取了。

推薦的飲用方式 可以直接喝，也可以做出多種變化！

冰拿鐵
加入牛奶及冰塊。

濃縮咖啡
加入砂糖，很有義大利人的感覺。

美式咖啡
加入熱水就是美式咖啡。

 英語小學堂 使用摩卡壺可以製作出以濃縮咖啡為基底的各種飲品。 You can make

挑戰拉花技巧

在家也能享受咖啡館的氣氛！

咖啡師用牛奶做出葉子、愛心等各種拉花，讓人覺得美不勝收。應該很多人也想嘗試看看，卻因爲家裡沒有咖啡館的濃縮咖啡機那一根長長的、會「咻咻咻」地冒出蒸氣的蒸氣管，而放棄這個念頭吧？其實就算沒有專業咖啡機，也可以在家裡拉花，非常值得一試喔！

就算拉花失敗，
也能享用奶泡綿密的拿鐵！

需要的器材

摩卡壺
上一頁介紹過、可以輕鬆做出濃縮咖啡的咖啡壺。

拉花杯
將牛奶打成奶泡後，倒入咖啡杯中做出花樣。

奶泡機
百元商店也買得到（編按：臺灣則是四十九元商店）。

拉花的製作方法

準備濃縮咖啡

用摩卡壺煮一杯濃縮咖啡，做法請參考P79。

將牛奶打成綿密的奶泡

將200cc的牛奶加熱至65～70°C左右，然後倒入拉花杯中，用奶泡機將牛奶打成奶泡——記得將奶泡機伸進去到杯底再按下開關。約30～40秒後取出奶泡機，將拉花杯在桌面上輕敲幾下，排出空氣。

1 拉花杯拿高一些，對著咖啡杯的中央倒入。

2 倒到一半時，慢慢將拉花杯向下靠近咖啡杯。

3 將拉花杯向上提，順勢往前一帶，在奶泡上拉出一條細直線，做出愛心拉花。

這些都是我做的拉花。

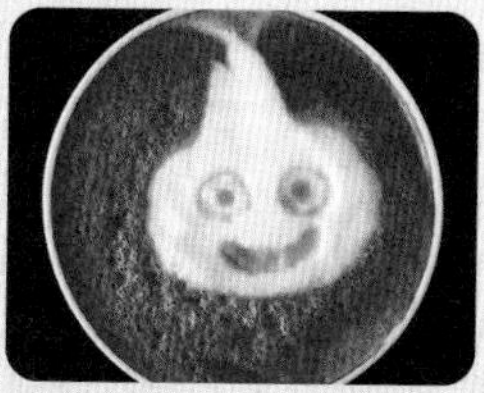

英語小學堂 不妨試著用奶泡練習畫畫。 Polish your artwork with milk foam.

再怎麼怕麻煩也不能忽略

一定要留意的三件事！

我真的是個很怕麻煩、神經超大條的人，不喜歡太過瑣碎的事。但在家裡沖煮咖啡久了，即使稱不上行家，還是發現了三件一定要遵守的事情。只要掌握這三個要點，就能輕鬆在家享用好咖啡喔。

第一

咖啡豆 要**冷藏**或**冷凍**保存

咖啡豆的保存狀態不佳，雖然不至於引發食物中毒，但難得買了這麼好的豆子，當然想要喝到它的最佳狀態呀。咖啡豆最怕光線、氧氣、高溫，這些都會加速破壞豆子的新鮮度、味道和香氣。所以，最好將咖啡豆直接封好，不需要再換到其他容器。

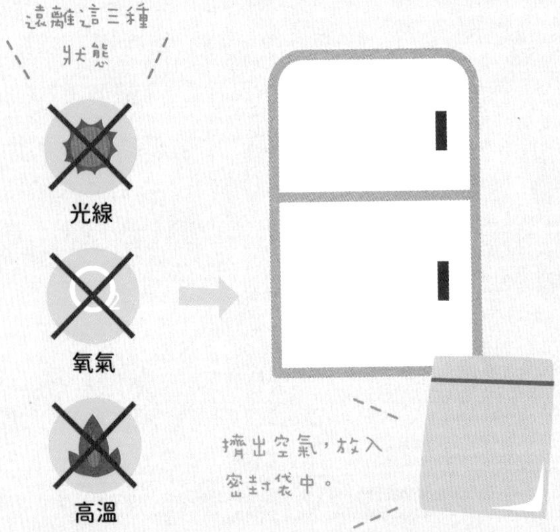
遠離這三種狀態
光線
氧氣
高溫
擠出空氣，放入密封袋中。

冷藏保存
將原本的包裝袋放入密封袋中，可以避免沾染到冰箱裡的異味。記得把袋內的空氣都擠出來喔！

冷凍保存
一樣放入密封袋中。要喝的時候，取出咖啡豆自然回溫再研磨。

第二 最好還是使用 **電子秤**

看過前面介紹的各種沖煮方式後，大家應該有發現一件事，那就是精準測量真的非常重要，請務必使用磅秤。每家咖啡館、每一本書，甚至是不同的沖煮方式都有不一樣的比例，不過大多數人採用的是基本的黃金比例16：1（水：咖啡粉）——240cc（一馬克杯）的水就用15g咖啡粉。

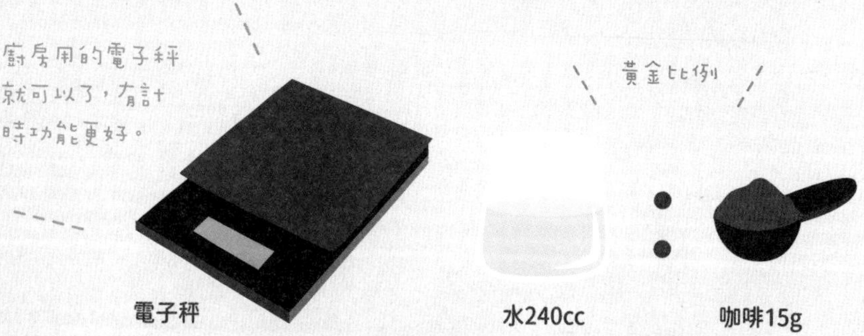
廚房用的電子秤
就可以了，有計
時功能更好。
黃金比例
電子秤
水240cc
咖啡15g

第三 **沸騰** 後等待45秒

大部分人看到水燒開了都會想趕快拿來用，但據說水滾之後降溫到85～94°C左右才是最適合的溫度。覺得使用溫度計很麻煩的話，可以在水滾之後熄火，稍候大約45秒，就會降溫到最適合沖煮咖啡的90°C左右。

水滾後馬上
用NG！
等待45秒，
降到約90°C。

英語小學堂 我的個性不拘小節，唯有這幾點絕對會遵守。 I'm not a meticulous

為不同麵包選擇適合的咖啡

這款咖啡要配什麼麵包呢？

學會沖煮咖啡之後，下一步就是食物了！我一直覺得咖啡和麵包根本就是絕配，因此邀請麵包博士來為各位好好介紹咖啡和麵包之間的完美搭配。

池田浩明

「麵包研究所」主理人。吃遍日本各地的麵包，雜誌或書籍裡與麵包相關的文章有90%左右都是出自池田先生（數據來自本人田野調查），是一位熱愛麵包，也被麵包所愛的麵包愛好家。

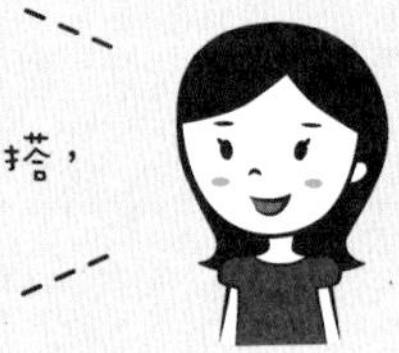

總覺得咖啡
和任何麵包都很搭，
這樣想對嗎？

不同的搭配方式可以發展出各種有趣的味道。

我另外找了咖啡專家——CAFÉ FAÇON烘焙工坊的負責人岡內賢治先生，來提供搭配上的建議。一起來看看吧！

提供建議的
咖啡專家

CAFÉ FAÇON ROASTER ATELIER
東京都澀谷區代官山町10-1
營業時間：10:00～19:00，不定期公休

怎麼吃都吃不膩的最佳搭配
很有咖啡館特色

— 早餐 —

滴濾咖啡（中焙）× 奶油吐司

搭配重點在於帶有奶油香氣的中焙。深焙的味道太強烈，會搶過麵包。雖然這種搭配比較沒特色，卻是大家非常熟悉的組合，可以好好享受苦與甜的味覺交替變化，想像自己身處優雅而步調緩慢的傳統咖啡館之中。

評論

BREAD

Truffle BAKERY（三軒茶屋）
https://truffle-bakery.com

生吐司

兼具蓬鬆與Q彈的絕佳口感。帶甜味卻不會太甜，均衡的甜度，吃多也不會膩。烤過之後表面酥脆，吐司邊更加香甜、更好吃。

COFFEE

CAFÉ FAÇON ROASTER ATELIER
http://cafe-facon.jp

瓜地馬拉（中焙）

肥沃土壤培育出的瓜地馬拉豆。深焙咖啡的苦味容易和麵包微焦時產生的苦味互相干擾，帶有堅果醇度的中焙咖啡則能包覆苦味，讓奶油的香氣在口中散開來。

英語小學堂 麵包和咖啡是最佳組合。 Bread and coffee are best friends.

— 早午餐 —

咖啡歐蕾 × 可頌

重點在於要像法國人一樣用大碗公般的馬克杯喝咖啡歐蕾。可頌之於法國人，就像蕎麥麵之於東京人，吃的時候用可頌沾一點咖啡歐蕾，就更有法國人的感覺了。咖啡歐蕾的牛奶要多一點喔，咖啡比例過高的話，就會搶過可頌的香氣。

評論

BREAD

BONNET D'ANE（三軒茶屋）
http://bread-lab.com/bakeries/524

可頌

主廚荻原先生曾在法國學習麵包製作。這款可頌的外皮酥脆、內裡軟綿，來自法國的麵粉與奶油的絕妙搭配，每一口都讓人想起巴黎的可頌。是法國人最常吃的早餐，也是咖啡館裡常見的餐點。

COFFEE

CAFÉ FAÇON ROASTER ATELIER
http://cafe-facon.jp

哥斯大黎加奧爾多（El Alto）莊園（中深焙）

帶有巧克力風味的咖啡豆，採用較重的中焙。具備如牛奶巧克力般較溫和的醇度與甜味，非常適合搭配溫牛奶製作的咖啡歐蕾。

— 午餐 —

冰咖啡 × 咖哩麵包

口感濕潤、香辣的咖哩，搭配冰冰的苦味，爲鼻腔帶來一股清涼感受，令人難以抗拒。帶有苦味的冰咖啡可以中和咖哩的辣味，是這個組合的重點所在。最近的咖哩麵包越來越多樣化，非常適合搭配同樣變化多端的精品咖啡。

評論

BREAD

Boulangerie Shima（三軒茶屋）
https://ameblo.jp/shimapan3cha/

咖哩麵包

經過各種嘗試，調配出獨家香料配方製成的咖哩麵包。吃得到雞肉和番茄的口感，加入日式高湯的清甜，更襯托出香料的清爽。最近的咖哩麵包已經擺脫過去那種強烈香料的風格，慢慢轉向追求食材本身的美味。

COFFEE

CAFÉ FAÇON ROASTER ATELIER
http://cafe-facon.jp

肯亞（中焙）

淺焙到中焙的肯亞咖啡豆帶有花香和酸味，中焙到深焙的酸味較淡，入口時會先嘗到苦味和醇厚度。若是搭配一般咖哩麵包，可以選擇哥倫比亞深焙或曼特寧等油脂含量較高的咖啡豆。

 英語小學堂 即使人不在巴黎，也能當個巴黎人。 When you are not in Paris, you

巧克力和濃縮咖啡的香濃口感刺激味蕾

令人上癮

— 下午茶 —

濃縮咖啡 × 法式巧克力麵包

給大腦帶來強烈刺激的濃縮咖啡，搭配濃郁的比利時巧克力，是一種很容易成癮的下午茶組合。因爲萃取時間很短，濃縮咖啡的香氣散得很快，最好盡快喝掉。濃郁口感的另一個來源是法國及比利時生產的巧克力。

評論

BREAD

BONNET D'ANE（三軒茶屋）
http://bread-lab.com/bakeries/524

法式巧克力麵包

使用可頌麵團、外酥內軟的法式巧克力麵包。巧克力夾心用的是來自比利時的巧克力，才會有可可濃郁的香氣和酸味，吃起來口感濃烈。

COFFEE

CAFÉ FAÇON ROASTER ATELIER
http://cafe-facon.jp

六種豆綜合

（哥倫比亞深焙30%、瓜地馬拉深焙20%、衣索比亞日晒中焙20%、瓜地馬拉中焙10%、哥斯大黎加中焙10%、哥倫比亞中焙10%）

法式巧克力麵包裡的奶油與巧克力搭配得非常好，吃起來很有層次。

嘗起來真的是
草莓大福耶！
日式
甜點風格

— 下午茶 —

滴濾咖啡（水果味）× 紅豆麵包

推薦選擇帶有水果味的咖啡豆，搭配紅豆麵包時，會在口中感覺到草莓大福的味道喔！如果選擇帶有柑橘味的咖啡豆，則會有柚子搭配紅豆泥的感覺；若是選擇帶有肉桂香氣的豆子，搭配起來會有京都知名伴手禮八橋的味道。淺焙的咖啡豆喝起來有茶的感覺，深焙則可享受濃厚的味覺感受。

評論

BREAD

JUNIBUN BAKERY（三軒茶屋）
http://ultrakitchen.jp/projects/

—

JUNIBUN 紅豆麵包

麵團吃得到小麥原有的香甜，再包入紅豆餡，搭配得剛剛好，質地Q彈。麵包中的奶油可以將咖啡和油脂成分結合在一起，因此純日式的紅豆麵包才會和西式的咖啡成爲絕妙搭配。

COFFEE

CAFÉ FAÇON ROASTER ATELIER
http://cafe-facon.jp

—

衣索比亞日晒（淺焙）

口感華麗而帶有莓果味，也能感受到紅酒的味道。推薦淺焙，比較能充分發揮果香。搭配紅豆麵包時，會在口中產生有趣的化學變化。

 英語小學堂 好的餐食搭配相得益彰。 A match made in heaven in your mouth.

我心目中最完美的咖啡

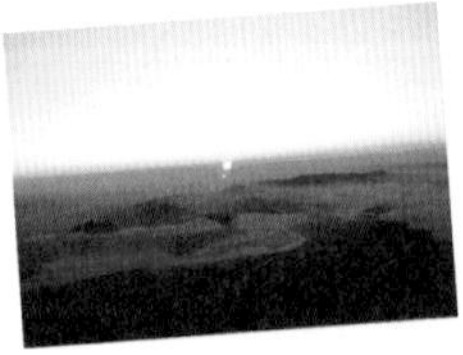

曾有人問我：「你喝過最棒的咖啡，是哪裡的？」我喝遍各地，不僅日本國內，也在世界各地喝過無數美味的咖啡。最棒的咖啡不在西雅圖小巷內的咖啡館，不在巴西的莊園裡，不在店內擺設超美、超時髦的第三波浪潮咖啡館，也不在舊式風情的咖啡館中，更不是有機或公平貿易咖啡……而是一罐普通的罐裝咖啡。

你沒有看錯，就是到處都買得到的罐裝咖啡。有點失望嗎？我是在富士山頂喝到這罐咖啡的。那天我們在大半夜裡爬了五個小時都沒有休息，痛苦得要命，不禁心想：「我到底爲什麼要來爬富士山！」好不容易終於登頂了，疲勞和寒意直衝腦門。在這樣的狀態喝下那罐加糖咖啡，雖然只是普通的罐裝咖啡，美味程度卻讓我一口氣飲盡後忍不住又看了一眼空罐。

眼前是雲海之上的日出景致，我手上握著的，則是一般自動販賣機裡一百二十日圓左右的罐裝咖啡。山上賣四百日圓，雖然價格比較貴，但滋味無價！

當時我就想，食物好不好吃、飲料好不好喝，完全取決於當時的環境。因此，我人生中喝過最美味的咖啡，就是在海拔三千七百七十六公尺的山頂上、看著絕美景致時喝下的一罐毫不起眼的罐裝咖啡。

你喝過最美味的咖啡，又是什麼呢？

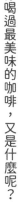

COFFEE  LESSON

Chapter

4

剖析咖啡浪潮

STUDY THE COFFEE MOVEMENT

聽到「咖啡浪潮」這個詞，或許你會覺得：「沒想過那麼多，感覺有點難……」現在就讓我用簡單易懂的方式爲各位解說。請大家放鬆心情，一起來看看吧。多多了解咖啡的各種資訊，享受咖啡時會變得更有樂趣，咖啡的世界也會越來越寬廣喔。

了解過去，就更能了解現在的咖啡！

更講究咖啡本身個性的第三波浪潮

喜愛喝咖啡的人一定聽過「這三波」，這個說法似乎給人一種「時髦漂亮的咖啡館＝第三波」的印象。現在就和我一起認識咖啡的第三波浪潮吧。

其實還挺深奧的呢！

首先看字面上的意思。第三波……沒錯，有第三波，表示前面還有第一波和第二波。「波」指的是一種「運動、傾向」。

1
First Wave
【第一波】
～一九六〇年代
2
Second Wave
【第二波】
一九六〇年代後半～
3
Third Wave
【第三波】
二〇〇〇年～

First Wave

【第一波】

一九六〇年代以前

即溶咖啡時代

第一波的起源可追溯到一八〇〇年代後半。隨著咖啡豆的流通越來越發達，咖啡進入了大量生產的時代，一般民衆也可以在家輕鬆享用咖啡。

✓ 輕鬆在家沖煮咖啡
在這之前，想喝咖啡的話，必須買生豆回家自己烘焙。沖煮咖啡是一件非常麻煩的事。

✓ 即溶咖啡爲主流
當時喝的是粉狀的即溶咖啡。

NESCAFE

✓ 開始大量生產
大企業開始生產可以輕鬆飲用的咖啡。

✓ 沒有咖啡相關知識
很多喝咖啡的人甚至不知道咖啡豆是從樹上採收而來的。

✓ 品質不佳
許多即溶咖啡的品質粗劣，味道又濃又苦，所以會加入大量的砂糖和牛奶。

當時不講究品質，更注重的是快速、
簡便就能喝到咖啡。

First Wave ＝ 爲了消費而喝

 英語小學堂 我並不反對即溶咖啡。 I'm not against instant coffee...

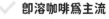

Second Wave

【第二波】
一九六〇年代中晚期之後

濃縮咖啡調製的各式咖啡飲品大受歡迎

一九六六年皮爺咖啡（Peet's Coffee）於加州柏克萊誕生，改變了社會大眾飲用劣質卽溶咖啡的習慣。皮爺咖啡精選品質優良的阿拉比卡豆，推出深焙的綜合咖啡，開始銷售義式濃縮咖啡，從此開啟了第二波浪潮。

- **民衆發現咖啡的魅力**
  越來越多人開始發現，原來好的豆子現磨、現沖的咖啡這麼好喝！

- **星巴克登場**
  一九九五年星巴克推出星冰樂，打破咖啡都很苦的既定觀念，瞬間抓住消費者的心。

- **以濃縮咖啡調製各種咖啡飲品**
  開始流行拿鐵等以濃縮咖啡調製而成、無法在家裡製作的飲品。
- **星巴克的由來**
  一九七一年，居住於西雅圖的三名高中老師被皮爺咖啡感動，以相同概念開了一家店，也就是後來咖啡界的霸主——星巴克！

- **咖啡文化大放異彩**
  只有咖啡館才做得出來的飲品大受歡迎，咖啡文化更爲一般人接受。

越來越多人在喝咖啡的同時，
學習咖啡豆相關知識及沖煮方法。

Second Wave ＝ 爲了享受而喝

Third Wave

【第三波】
二〇〇〇年之後

從享受咖啡文化轉而追求咖啡的本質

逐漸從拿鐵、摩卡、星冰樂等追求豐富變化的花式咖啡飲品，轉向咖啡的本質，更多人開始注意到咖啡豆本身的風味。也有人認爲葡萄酒文化爲第三波浪潮帶來很大的影響。

✓ **開始注重咖啡豆**

咖啡愛好者開始對咖啡的本質產生興趣，例如咖啡豆從何而來、來自哪裡的莊園、什麼人進口的、由誰烘焙而成、用什麼樣的器具沖煮等。

✓ **精品咖啡**

第三波浪潮的關鍵字，是高品質的「精品咖啡」和維護生產者利益的「公平貿易」。

✓ **拉花大受歡迎**

非常流行以奶泡在濃縮咖啡上畫出各種圖案。

✓ **手沖時代**

除了濃縮咖啡系飲品，手沖咖啡在這一波浪潮中也大受歡迎。

✓ **淺焙爲主流**

爲了品嘗咖啡豆原本的風味而採用淺焙。

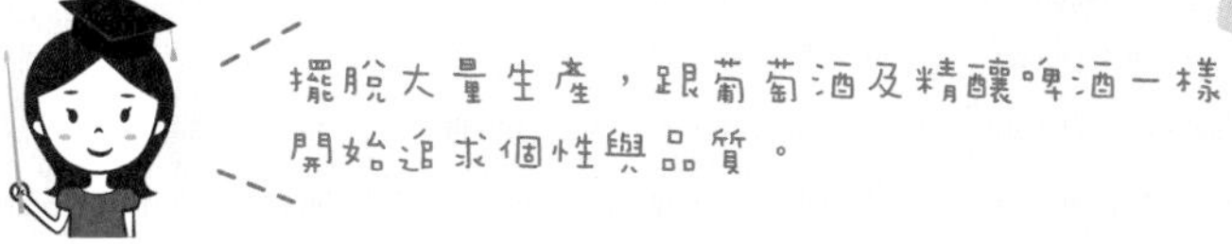
擺脫大量生產，跟葡萄酒及精釀啤酒一樣
開始追求個性與品質。

Third Wave ＝ 爲了品嘗咖啡眞正的價値而喝

簡單地說，就是一般人在喝咖啡之餘也想知道咖啡豆是從何而來、經過什麼樣的程序才變成手上這杯咖啡。了解每一種咖啡豆的特色之後，再選擇適合的萃取方式，希望能喝出咖啡豆原有的風味！

咖啡農推薦的咖啡豆！

單品咖啡就像個人歌手

走進第三波浪潮的咖啡館，應該很多人都會在咖啡豆介紹區看到「單品咖啡豆」這幾個字吧。單品是第三波浪潮中不能不提的重要元素，以音樂來比喻的話，單品咖啡就像個人歌手，綜合咖啡則是一整個樂團。

在咖啡館喝到的咖啡，或是在店裡買的咖啡豆，很多其實都是綜合豆，是由店家調配多款來自不同國家和產地的咖啡豆而成。每個店家都有其獨特的口味。

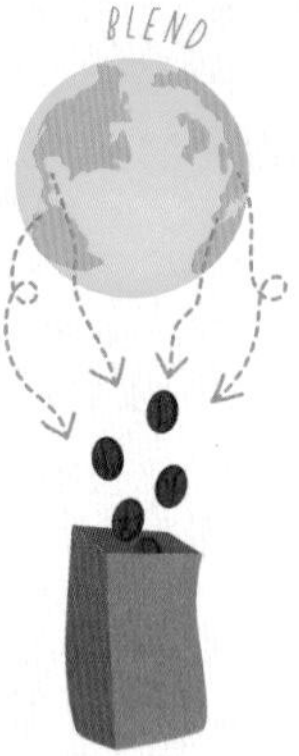

另一方面，單品咖啡則代表「單一產區」。這裡的產區指的並非巴西、衣索比亞等整個國家，而是進一步細分爲來自同一個莊園（原產地）的咖啡。

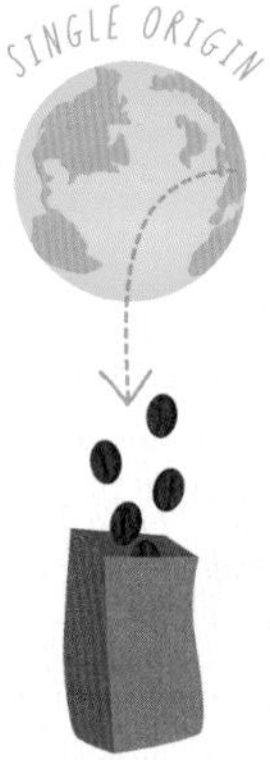

「單品」的英文由這兩個字組成：

SINGLE＝單一的

ORIGIN＝原產地

最近常可見到超市的蔬菜包裝袋上印著生產者的照片，例如「這些菜是我種的」或「藤澤農家的大川先生栽種的番茄」等，基本概念是一樣的。這些可以追蹤到哪個國家、哪個地區、哪個莊園的什麼人所種、什麼人用怎樣的製作方式生產的咖啡豆，就叫作「單品咖啡」。一口氣講了這麼一長串，大家清楚了嗎？像這種可以追蹤到完整履歷的食物，應該會成爲將來的主流喔。

單品咖啡好在哪裡？

第一

不同生產國有不同味道

第三章已大致介紹過咖啡豆的味道會因產地而不同，那是因爲每個國家的氣候、土壤和水質都不太一樣，在不同環境下生長的咖啡豆也會有不一樣的味道。因此，單品可以喝出每個生產國家獨特的風味。

第二

更重視生產者

有次在墨爾本買咖啡，店員給了我一張小卡。卡片上印著生產這批咖啡豆的農民資料和照片，以及品種和莊園的相關訊息，還向我介紹農民的個性及對咖啡的想法等等。讀著這些資料，感覺咖啡變得更好喝了。

第三

更講究製作過程

願意將生產者訊息大方傳遞給消費者，表示咖啡農對自己的製作方式及品質非常有信心。一旦咖啡豆的品質受到消費者肯定，來自世界各地的買家就更願意用合理的價格收購，使咖啡成爲永續發展的農作物。

英語小學堂　咖啡農用心呵護咖啡。 Coffee farmers harvest their coffee with their

有機和公平貿易好在哪裡？

公平貿易使生產者受到保護

這幾年常可聽到「有機」和「公平貿易」這些說法，除了「似乎比較好」和「自我感覺良好」這種既定印象，一般人好像搞不太清楚到底好在哪裡、爲什麼要選購這樣的產品。現在就來一探究竟吧！

這裡邀請「爲身體及世界帶來喜悅的甜點」Sweets Oblige by Asa & Lisa負責人，同時也是有機芳療師的桑原Lisa小姐來爲我們詳細介紹。

桑原Lisa

Sweets Oblige by Asa & Lisa負責人。活躍於媒體界，長期關注國際與社會貢獻領域，並從事相關報導與寫作，同時以有機芳療師的身分從事食物與健康方面的宣導活動。

國際公平貿易標準

★ **經濟層面的標準**：保障最低收購價格等

★ **社會層面的標準**：安全的勞動環境等

★ **環境層面的標準**：農藥、藥物的使用規範等

發展中國家的
壓榨
童工問題
強迫勞動
中間商
就是這個
標章！
PUNCH!
消滅！
FAIR TRADE

只要有這個標章，就是公平貿易！

公平貿易推廣有機農業，因此只要購買公平貿易的咖啡豆，就能幫助發展中國家的咖啡農擁有較好的勞動環境。

所謂有機，指的是在生產及加工過程中，不使用農藥及化學肥料，也不使用食品添加物。

ORGANIC
有機

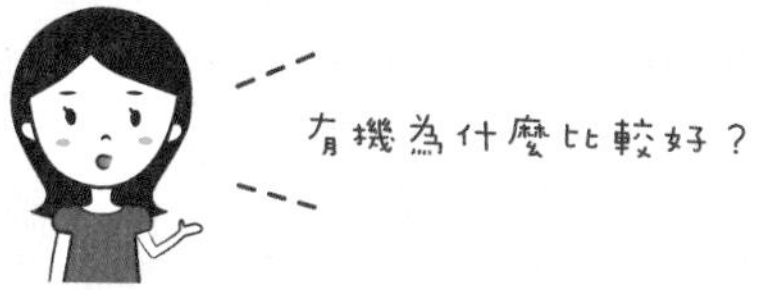
有機為什麼比較好？

為了地球

- 農藥會殺死微生物，使土壤越來越貧瘠，並破壞生態系。
- 農藥散布於空氣之中會造成空氣汙染。

為了自己

- 農藥殘留可能引發過敏或其他疾病。

為了生產者

- 吸入農藥或化學肥料可能危害健康。

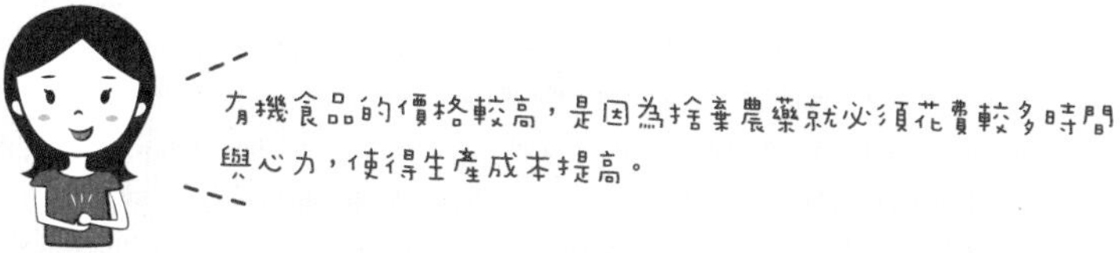
有機食品的價格較高，是因為捨棄農藥就必須花費較多時間與心力，使得生產成本提高。

日本全國的耕作面積中，有機農業僅占0.2%。我們店裡賣的餅乾也是使用有機麵粉，但過去曾發生天災導致當年小麥歉收，買不到麵粉而無法生產餅乾的狀況。可以用優惠的價格買到咖啡是一件開心的事，但是用較高的價格購買有機咖啡，不僅可以幫助在遙遠國度栽種咖啡的農民、幫助自己，還可以保護地球。

Cookies

濕潤口感的生巧克力餅乾。另有多種口味，十片裝。一千五百日圓（未稅）。捐出部分所得給協助婦女的非政府組織JOICFP。
https://www.sweetsoblige.com/

從此不再似懂非懂！

最近常聽說的SDGs到底是什麼？

永續發展目標

Sustainable
Development
Goals

取每個字的第一個字母，簡稱SDGs

這個世界存在著氣候變遷、男女不平等、貧窮等問題，許多人都察覺再這樣下去地球就完蛋了，全世界必須團結一致、設定目標，然後解決這些問題。於是，各國決議定出十七個目標，希望在二〇三〇年之前打造出「眾人期待的未來」。

資料來源：聯合國新聞中心

就是同心協力改變世界的一些目標。

一聽到全球議題，或許會給人一種神聖的感覺，但其實這些都是每個人在日常生活中就可以做到的，特別是第十二項「負責任消費與生產」。購買或使用有機、公平貿易的產品，也能對改善未來有所貢獻。

　而企業也不能只想著獲利，必須思考什麼是生產者的責任、如何對地球與人類做出更多貢獻。這樣的企業理念會受到消費者的肯定，並帶動對企業的投資。

　第十七項「促進目標實現的夥伴關係」也非常重要。許多目標無法靠個人努力達成，必須靠眾人合作，分別達成各自的目標，這個世界才會變得更好。無關人種或國籍，地球上的每一分子都必須彼此合作，共同爲未來努力。

　最後我想告訴大家的是，我們每個人都可能改變世界！

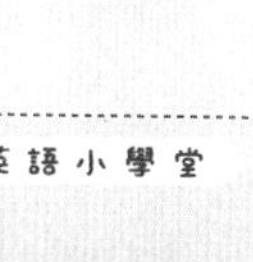

每天飲用咖啡，我們必須了解喝進自己身體裡的是什麼樣的東西。這不僅是爲了自己，只要想到選購咖啡豆的態度可能對農民、環境和地球帶來影響，相信每個人在選購咖啡時，都會多想一下！

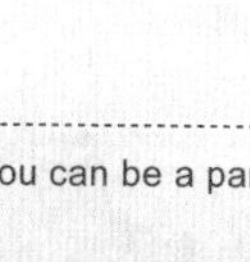

英語小學堂　每個人都能讓世界變得更好。　You can be a part of making the world a

懷孕中後期及哺乳期間也能喝的咖啡

無咖啡因咖啡是怎麼做出來的？

無咖啡因咖啡，顧名思義就是不含咖啡因的咖啡，對咖啡因過敏的人，或是孕婦、哺乳中的婦女也能安心飲用。我自己每天都是靠咖啡因撐過來的（笑），但還是要了解一下！

除了咖啡，茶和可樂中也含有咖啡因（生物鹼的一種）。咖啡因具有興奮和提神的效果，所以能驅走睡意，讓腦袋超清晰！但切記攝取適量即可。

GOOD

- 有提神效果，讓頭腦清晰。
- 有興奮效果，減少疲勞感。
- 能擴張血管，提高血流量。
- 有利尿效果，幫助排出體內老廢物質。

BAD

（攝取過量的話）

- 頭暈、噁心。
- 腹瀉。
- 激動或不安。
- 懷孕時攝取過量可能造成胎兒體重過輕。

看完咖啡因的壞處，可能會讓人有點害怕，但其實只要不攝取過量就無須擔心。日本厚生省及世界衛生組織都建議，一天喝兩到三杯咖啡對孕婦不會造成問題。

前面介紹過咖啡豆是果實的種子，種子本身就含有咖啡因成分。那麼，咖啡因是如何被去除的呢？本來我一直以爲，無咖啡因咖啡是從不含咖啡因的咖啡樹長出來的，查過之後才知道原來這件事這麼科學，而且與化學有關呢！

去除咖啡因大致上有四種做法。

方法 1 | **有機溶劑萃取法(直接)**

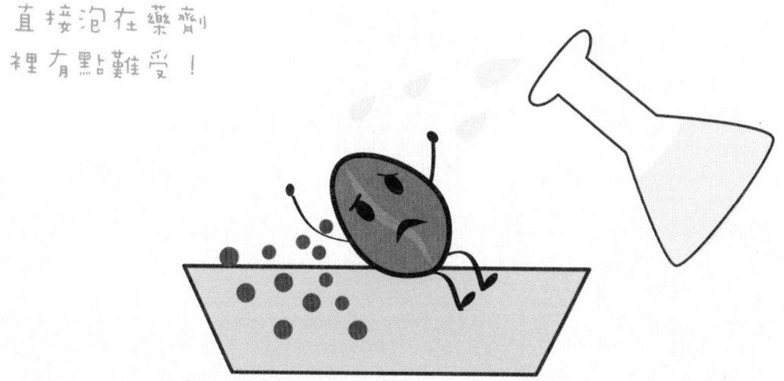
直接泡在藥劑
裡有點難受！

一九〇六年研發出來的方法，現在幾乎不被採用；由於過程危險，日本國內更是禁止。所使用的苯這種有機溶劑實在太危險，以這種方法去除咖啡因，還不如飲用咖啡因來得安全。眞是太恐怖了！

方法 2 有機溶劑萃取法(間接)

進來溫泉裡
好好泡一下。
讓成分
補回去！
出來透透氣。

第二種方法也是使用有機溶劑，不同之處在於溶劑不會直接接觸咖啡豆。首先將咖啡豆長時間浸泡在熱水裡，溶出咖啡因、油脂等成分；接著取出咖啡豆，在水裡加入藥劑除去咖啡因；最後將咖啡豆泡回水中，讓油脂等成分再次回到咖啡豆裡。

方法 3 瑞士水處理法

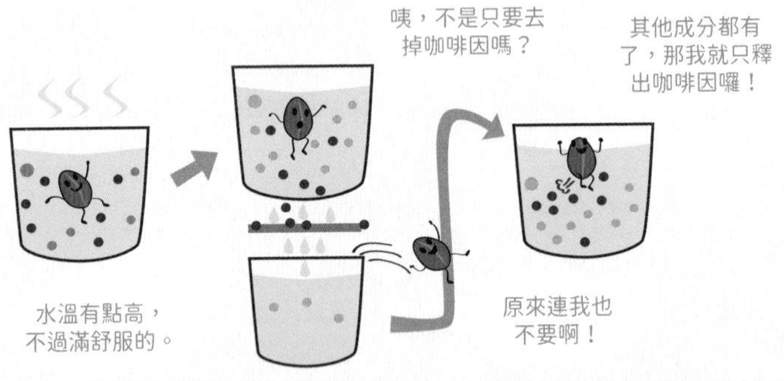
咦，不是只要去
掉咖啡因嗎？
其他成分都有
了，那我就只釋
出咖啡因囉！
水溫有點高，
不過滿舒服的。
原來連我也
不要啊！

這個方法完全不使用化學藥劑，沒有安全疑慮。首先將咖啡豆泡入熱水中，溶出豆子裡的咖啡因和所有風味成分，再使用特殊過濾系統去除咖啡因，只留下其他成分，並將生豆丟棄，接著將另一批咖啡豆加入這些沒有咖啡因、只有其他成分的水裡。由於水中的咖啡成分已經飽和，新加入的咖啡豆便無法再釋出相同的成分，只會釋出水裡沒有的咖啡因。藉由這個原理使第二批咖啡豆釋出咖啡因。不斷重複這樣的過程，直到去除99%以上的咖啡因。

方法 4 | 超臨界二氧化碳萃取法

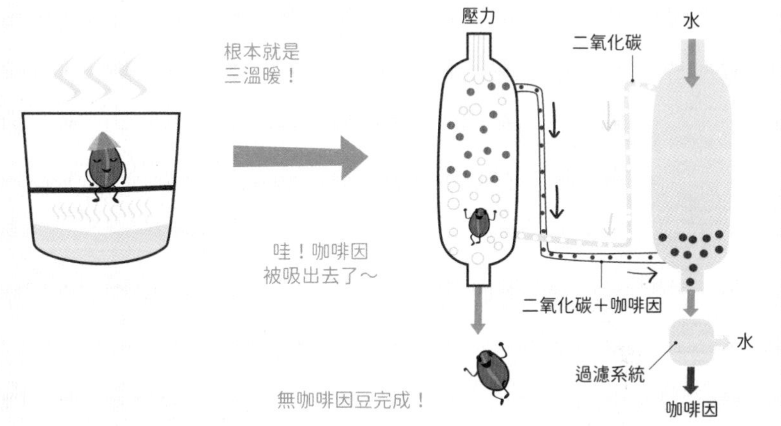
根本就是
三溫暖！
哇！咖啡因
被吸出去了～
無咖啡因豆完成！
壓力
二氧化碳
水
二氧化碳＋咖啡因
水
過濾系統
咖啡因

不僅字面上看起來很有化學感，事實上整個過程完全就是化學反應。「超臨界狀態」指的是介於液體和氣體之間的狀態，而這個方法是將超臨界流體狀態的二氧化碳加壓，並通過蒸過的咖啡豆。由於咖啡豆蒸過之後會打開氣孔，因此很容易對超臨界流體的二氧化碳產生反應，更容易分解出成分中的物質，所以能輕鬆去除咖啡因，製作出沒有咖啡因的豆子。這是最安全的方法。

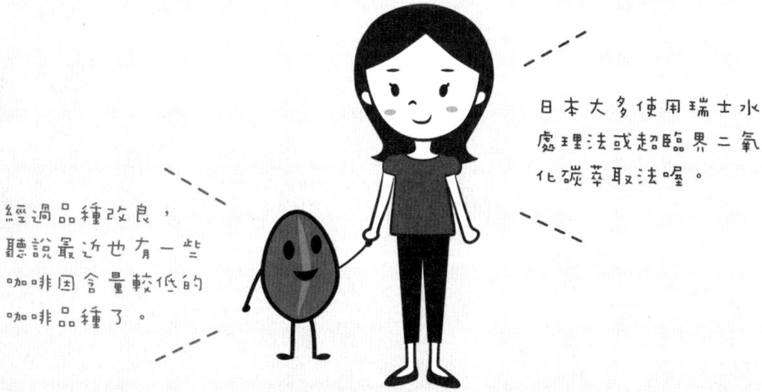
日本大多使用瑞士水處理法或超臨界二氧化碳萃取法喔。
經過品種改良，聽說最近也有一些咖啡因含量較低的咖啡品種了。

英語小學堂　對咖啡因敏感的人，不妨選擇無咖啡因咖啡。 Choose decaf if you're

嗜好相同的兩人吱吱喳喳聊不停！

音樂、美國、小說、跑步、三溫暖和芬蘭

文化單元爲各位邀請到我的好朋友——嘻哈組合「HOME MADE家族」的MC，同時也是才華洋溢的小說家水谷聰史（從事音樂活動時的藝名爲KURO）。原本只打算聊咖啡的，沒想到話匣子一開就聊了四小時，根本停不下來！

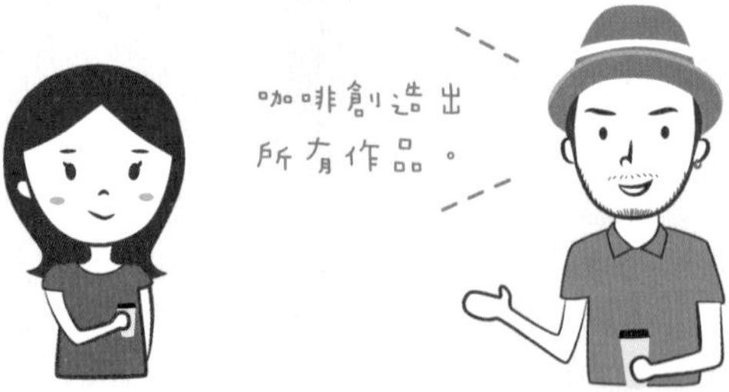

一九九六年與在名古屋的大學認識的朋友組成音樂團體，經過團員更迭，二〇〇一年之後，HOME MADE家族固定爲目前的三名成員。當時我和擔任MC的MICRO在同一個地方打工，聽了他們的現場演出後結爲好友，一直到現在，居然已經二十年了！

成爲小說家的契機

亮子：我去看了你們暫停活動之前最後一次現場演出，正想著你下一步不知道要做什麼，結果居然出道當起小說家！你是怎麼想到要成爲作家的呢？

聰史：之前我固定每星期看一本書，並在書評網站發表文章，後來有個編輯無意間看到，就和我連絡了。他並不知道我是音樂人。因爲這是我第一次在音樂領域以外受到別人的稱讚，所以馬上答應：「我要寫！」沒想到接下來等著我的根本是地獄（笑）。

亮子：他找你並不是因爲你的知名度，而是單純因爲你是一個看書看得很深入、可以寫文章的人，而發掘了你，這樣眞的很棒耶。那麼多人想當音樂人或作家，結果你兩種身分都有，到底是怎樣的一個人啊（笑）。

聰史：但是我那時根本不知道小說怎麼寫，想到頭都快禿了（笑）。編輯的回稿根本整篇紅通通，而且我完全不知道要改哪裡、該怎麼改。把稿子拿回家

後，我急死了，只能重寫。當時我才知道每一段、每一句都要想得這麼仔細，早知道以前寫歌時應該更謹慎一點啊。

創作時隨時有咖啡相伴

聽史：無論是小說家，還是音樂人，身邊不是隨時都可以看到咖啡嗎？所以我覺得啊，所有的創作可以說都是從咖啡產出的。

亮子：嗯嗯，這一點我從沒想過，但確實是這樣沒錯！身邊所有從事創作相關工作的朋友都很喜歡咖啡。

聽史：仔細想想，我也常常從咖啡獲得救贖。這次出版的長篇小說，也是邊寫邊喝，都不知道喝了多少杯咖啡才寫完。認真想了一下，除了我之外，其實很多人應該也都是這樣吧。像村上春樹的《身爲職業小說家》這本書就提到他每天煮完咖啡後、動筆寫作之前的日常生活，還會經不小心把咖啡翻倒在稿子上。看到那段敍述時我心想，就連村上春樹也會這樣嘛。接著突然想到，這個世界上如果沒有咖啡，說不定就不會有音樂、小說和一切事物了。

亮子：我也是因爲咖啡才會開始寫文章，所以沒有咖啡的話，不要說什麼作品了，根本就不會從事目前這份工作，也不會是現在的我了。每次讀小說或散文時看到書裡出現咖啡，想到「原來這個人也很喜歡咖啡」，或是別人知道我喜歡咖啡，就會覺得很開心。

實際走訪每一場盲人足球賽，花費一年時間完成的作品。充分發揮身爲音樂人的感性與經驗，以音樂的方式描繪憑藉聽力進行的足球賽。《在黑暗中聽見你的歌聲》（河出書房新社），一千七百日圓（未稅）。

喜歡三溫暖的人也會喜歡咖啡

亮子：我們兩個人都很喜歡三溫暖，我有個「喜歡三溫暖的人也會喜歡咖啡」的理論喔。咖啡不是很苦嗎？小時候怕苦不敢喝，長大後慢慢就喜歡上這種苦苦的味道。三溫暖也一樣，剛開始因爲太熱不敢進去，愛上之後就超喜歡那種熱，以及冷水的冰涼感。長大後才懂得這種滋味，接著還會上癮，這一點和咖啡完全一樣。

聽史：我曾經爲了三溫暖跑去芬蘭喔。所以看到你出的那本芬蘭的書之後，心想，「這個人眞的懂耶～」我發現當地人才會去的三溫暖裡有些不成文的默契，每個人出去之前都會先沖一下水。知道這種小事情也很有趣，對不對？我去三溫暖之前都會先喝滴濾咖啡，出來之後再喝一杯冰咖啡。

亮子：那你現在還有跑步習慣嗎？我每天跑七公里，都是喝了一杯咖啡才去跑喔。

聽史：我跑十一公里，今天也是跑完步、去過三溫暖後才來的喔（笑）。

美國都喝水水的咖啡

聽史：足立倫行的小說《一九七〇年的漂泊》，寫的是作者爲了追求自由而踏上美國這塊土地的故事，裡面不斷出現他在當地工作時喝咖啡的情節。我是在美國長大的，因爲很想用長大成人後的視角看看美國，所以去過很多地方當背包客，旅途中也打過一些工。那時我感覺好像咖啡才是重點，工作似乎只是喝咖啡的空檔做的事。現在想想，大家眞的非常重視喝咖啡休息的時間呢。

亮子：我回日本三年了，每次看到電影裡出現美式餐廳的女服務生拿著咖啡壺倒咖啡的樣子，就會好懷念美國喔。最近看了《玩命再劫》這部電影，導演是英國人，他也說美國就是給他這種感覺，我心想「原來我們有同樣的想法耶」，眞的非常有意思。

聽史：雖然只是水水的便宜咖

啡，但這樣很有國外的感覺，眞的很棒耶，對吧？《福祿雙霸天》這部片裡也有警察端著咖啡的畫面，眞的很美國。端著咖啡對他們來說，就像呼吸一樣自然啊。甚至《樂高玩電影》的開頭也出現咖啡，連樂高人偶手上都有咖啡。

從咖啡看出一個人的個性

聽史：我覺得，從作家對咖啡的描述，可以看出這個人喜不喜歡咖啡。之前讀攝影師星野道夫的散文時，就發現他常常喝咖啡。

亮子：沒錯。

聽史：完全可以想像在阿拉斯加那種自然景色那麼雄偉的地方喝的咖啡，一定非常好喝。星野道夫說，我們在都市裡汲汲營營的同時，有一群人在北海道深山裡，看著樹木在樹林裡倒下、聽著棕熊吼叫的聲音。只要能夠想到人和人之間有這麼大的差異，你的人生就會不一樣了。我完全可以感受到星野道夫花時間琢磨出來的這些文字。這和即溶、速食的文章不一樣，閱讀時會覺得身邊的「時間」也變慢了。作家花了多少時間、實際造訪那麼多地方取材，都可以從文章裡感受到。

以後也要喝著咖啡繼續寫下去

亮子：你最新的小說《在黑暗中聽見你的歌聲》也和音樂有關，對吧？

聽史：謝謝你提起。音樂涵養是我最大的武器，之後我也希望可以藉由自己的足跡一直寫下去。只要還有能讓我心動、期待的事，應該就能繼續寫。因爲我喜歡做這件事，所以能持續，而且現在這個時代，用裝的很容易被看破啊。

亮子：希望你可以將這樣的心動與期待當作動力，繼續產出更多作品。以後也要喝著咖啡繼續寫下去喔！

美式咖啡習慣

住在美國時，我經常用馬克杯裝著咖啡，到屋頂看書或工作；喝完之後下樓，回家續杯再上樓。

早晨走在美國的街道上，經常可見許多人拿著馬克杯在住家附近散步。當然我不曾在市中心看過這樣的景象，但是在我以前居住的西雅圖和科羅拉多州住宅區裡自然景觀豐富，這樣的畫面並不突兀。

某次我跟計畫外出旅遊的朋友約好要開車送他到機場。抵達朋友家門口時，看見他站在行李箱旁邊，手上還拿著一個馬克杯。他一邊說著「眞是謝謝你啊」，一邊坐進車裡，滿足地喝著咖啡。當時我心想，有沒有搞錯啊，哪有人把馬克杯帶進車裡的？要是車子太晃，咖啡不就灑出來了嗎？而且你現在要搭飛機出去玩耶，那你的馬克杯怎麼辦？

送走朋友之後，那個馬克杯就這樣留在我車裡的飲料杯架上。這實在很美國作風，讓我獨自在車裡噗哧笑了出來。

前幾天在東京，早上沖了一杯咖啡後，臨時必須出門一趟，走路到附近的朋友家拿東西。沒想到朋友一看見我，就噗哧一聲笑了出來，因爲我手上就拿著一個馬克杯。原來我的潛意識裡覺得可以在東京市中心拿著馬克杯出門啊，居然還好意思笑別人呢。

COFFEE COLUMN 4 咖·啡·專·欄

COFFEE LESSON

Chapter

5

一起出門喝咖啡

COFFEE TRIP AROUND THE WORLD

我曾造訪世界各地追求美味的咖啡，除了日本國內，只要聽說國外哪裡有好咖啡，就會飛過去喝喝看。對我來說，旅行和咖啡密不可分。透過咖啡了解當地的風土民情、接觸當地的文化，也是咖啡旅行最有意思的地方。雖然不過是一杯咖啡，卻是舉足輕重的一杯。

咖啡愛好家推薦的個性派咖啡館！

賢哲雅士喜愛的咖啡

前面各章出現過好幾位專家——不對，應該稱他們爲咖啡賢哲才對。這裡邀請幾位賢哲跟大家分享他們最愛的咖啡館或咖啡，每家咖啡館都有自己的特色，個性十足，眞是太有意思了！而且氣氛都很棒，眞想馬上出門去瞧瞧。

水谷聰史推薦

喫茶店Seven

小巷裡的懷舊空間

水谷先生：「昭和氣息的喫茶店，讓人忘記時間的流逝。」聽說當他想集中精神寫稿或轉換心情時，就會來這裡。創業將近六十年，店內風情十足，也有拿坡里義大利麵、蛋包飯、豆沙水果涼粉等餐食可供選擇。

被各種綠色植物包圍，很像吉卜力電影裡那種舊舊的、可愛的小店。推開門走入店內會發現居然還有螺旋樓梯，更散發出吉卜力電影的味道。

INFORMATION

東京都世田谷區三軒茶屋1丁目32-13

+81-3-3410-6565／營業時間：11:00～21:00

餐具和家具都走復古風。

完全是印象中的復古昭和咖啡館，有種回到過去的感覺。

店內擺設簡單，沒有多餘的裝飾，就像這裡的咖啡一樣。

史考特・墨菲推薦

OBSCURA COFFEE ROASTERS

深耕社區的精品咖啡館

史考特：「剛搬來日本不久我就發現這家店，之前常常去，現在也還在最愛咖啡館的名單裡。」可以透過網路下單購買咖啡豆，運用本書介紹的技巧，在家好好享用一杯好咖啡。

INFORMATION
東京都世田谷區三軒茶屋1丁目9-16
+81-3-3795-6027
營業時間：11:00～20:00

有濾掛包和磅裝咖啡豆！

包裝上的NON BLEND字樣表示這是100%單品豆。

INFORMATION
https://joicfp.shop/

桑原Lisa推薦

JOICFP CHARITY SHOP

買咖啡豆也能對社會有所貢獻！

從事國際援助的非政府組織JOICFP推出的100%克里曼加羅咖啡，每賣出一袋，就會捐出所得的20%作爲協助全球婦女的基金。買咖啡就能爲國際援助盡一分力，非常推薦。桑原小姐的Sweets Oblige by Asa & Lisa販售的原味餅乾，也會捐出部分所得給JOICFP。

池田浩明推薦

COFFEA EXLIBRIS

可買到單品咖啡豆的正統派

池田先生：「我知道的咖啡館裡，咖啡超好喝的就是這家店。」精品咖啡的種類非常豐富，還有各種麵包及蛋糕可以選擇。照片中我選擇的是池田先生推薦的最佳搭配法：喫茶店的王道滴濾咖啡╳奶油吐司。

INFORMATION
東京都世田谷區代澤5丁目8-16
+81-3-3413-8151
營業時間：13:00～22:00
https://coffeaexlibris.shop-pro.jp/

烤吐司的麵包香和奶油的甜甜香氣彷彿要飄出來了。

翻修京都老宅而成的外帶咖啡館，非常融入街景之中。

坂尾篤史推薦

WEEKENDERS COFFEE TOMINOKOJI

在濃濃京都風情中品嘗風味絕佳的咖啡

坂尾先生：「咖啡的品質當然好到沒話說，我最推薦這裡的原因是可以在京都充滿和風的咖啡館裡喝到一杯這麼棒的咖啡。」非常值得散步途中繞過來。

INFORMATION
京都市中京區富小路通六角下ル西側
骨屋之町560離れ
+81-75-746-2206
營業時間：7:30～18:00，週三公休
https://www.weekenderscoffee.com/

史考特·墨菲推薦

HEART'S LIGHT COFFEE

滿滿的黑膠唱片。

喜歡音樂的人絕不能錯過！

最愛音樂與咖啡的史考特推薦這家可以同時享受咖啡與音樂的咖啡館，店內使用黑膠唱盤播放音樂。「買200克咖啡豆就可以帶走一片喜歡的黑膠唱片，讓人忍不住一直買。」

INFORMATION

東京都澀谷區神泉町13-13　Hills澀谷1F
+81-3-6416-3138／https://heartslightcoffee.stores.jp/
營業時間：週一～五9:00～18:00，週六12:00～19:00
週日公休

位於京都四條烏丸的巷弄中，店內布置承襲了純正的喫茶文化。可以品嘗冠軍咖啡師所沖的咖啡。

山下敦子推薦

Okaffe Kyoto

日本咖啡師大賽冠軍開的店

日本冠軍咖啡師岡田章宏於二〇一六年開的咖啡館。「在咖啡師界，岡田先生是個很有娛樂效果的人，讓每一位上門的顧客都能度過愉快而美好的時光。當然咖啡也很好喝喔！推薦大家坐在吧檯，邊喝邊和岡田先生聊聊天。」

INFORMATION

京都市下京區綾小路通
東洞院東入ル 神明町235-2
+81-75-708-8162
營業時間：9:00～20:00
（最後點餐：19:30），週二公休
https://okaffe.kyoto/

 英語小學堂　旅遊時不妨到當地咖啡館走走。　When you travel, try to find local cafes.

印有咖啡豆資訊的小卡會隨著咖啡一起送上來。

池田浩明推薦

二足步行 coffee roasters

可以同時享用最高等級的麵包與咖啡

二足步行位於JUNIBUN BAKERY的二樓。池田先生提到，「最棒的就是無論麵包或咖啡都非常好。」店裡有超大型烘豆機，可以選擇剛烘好的單品豆，品嘗最新鮮的風味。

INFORMATION

東京都世田谷區三軒茶屋1丁目30-9
三軒茶屋Terminal Building 2F
+81-3-6450-9737
營業時間：
週一～五10:00～18:00，週六、日9:00～18:00

完美的店內設計，只為了提供一杯最完美的咖啡。有機會一定要去！

坂尾篤史推薦

Artificer Specialty Coffee Bar & Roastery

有機會拜訪雪梨的話必去

位於澳洲雪梨，由被選爲雪梨最佳咖啡師的丹．易（Dan Yee）及佐佐昌二兩人共同經營的咖啡館。「這裡只提供咖啡外帶，不提供任何食物。具備外帶咖啡館應有的一切條件。」

INFORMATION

547 Bourke St, Surry Hills
NSW 2010 Australia
營業時間：
週二～五7:00～13:00
週六、日8:00～13:00
週一公休
https://artificercoffee.square.site/

CHAPTER
5
巡

店內面積大得驚人，甚至有天井。除了咖啡，也提供種類豐富的葡萄酒。店內的烘豆機隨時散發迷人的烘豆香氣。

山下敦子推薦

TAKAMURA
Wine&Coffee Roasters

店內附設的食材雜貨區也很棒

這裡是葡萄酒與咖啡專賣店，還有豐富的食材、雜貨，非常賞心悅目。店內的咖啡種類繁多，隨時可以買到在全球獲得高度評價的咖啡莊園生產的豆子。山下小姐表示：「不用害怕種類太多讓人不知如何挑選，可以隨時請教店員，馬上能獲得詳細的介紹。有提供內用座位，不妨先在店裡點一杯喝喝看再決定。」

位於大阪的辦公商圈，倉庫造型非常顯眼。

INFORMATION
大阪市西區江戶堀2丁目
2-18
+81-6-6443-3519
營業時間：11:00～19:30
週三公休
https://takamuranet.com/

沙發區的座位舒適，也可以選擇戶外露臺區享受開放空間。

英語小學堂　第一次造訪可以請咖啡師推薦。　Ask your barista for their

我愛的幾家古風喫茶店

帶本書出門去吧！

澀谷

茶亭羽當

東京都澀谷區澀谷1丁目15-19
營業時間：11:00～23:30（最後點餐：23:00）

隱身在巷弄之間，卻深受許多行家喜愛，無論何時都高朋滿座。店內空間非常舒適，讓人忍不住多坐一會兒。

就在繁忙的澀谷對角線行人穿越道附近。在這個據說每次會有三千人穿梭其中的路口，這家咖啡館彷彿存在平行時空中。店內陳列著各種造型和圖案的咖啡杯組，由店主根據顧客散發出來的氣質挑選。和很久不見的朋友約出來聊天時，我一定會約這裡。

神泉

名曲喫茶Lion

東京都澀谷區道玄坂2丁目19-13
營業時間：11:00～22:30（最後點餐：22:20）／http://lion.main.jp

附近那麼多亂七八糟的店（笑），突然出現這個有如西洋城堡的造型，流露一股莊嚴的氣息。

一九二六年開業，這種類型的老鋪喫茶店是我不曾在其他地方看過的。最早起源於一般人家中沒有黑膠唱盤、只能到外面聽音樂的年代，至今店內仍然維持當初的風格。店裡的桌椅都朝著同一個方向，就像電車座位一樣，而且禁止交談。店內的時空和外面完全是不同的世界。

雖然我喜歡第三波浪潮的咖啡館，不過我更喜歡店內暗暗的老式喫茶店喔！

名古屋

Cafe Karasu

愛知縣名古屋市中區榮1丁目12-2
營業時間：週一～五7:45～18:00，例假日9:00～17:00

鄰近名古屋御園座的復古老咖啡館。店內幾乎都是熟客，踏進去需要一點勇氣，但其實店員非常友善親切喔。

這是名古屋眾多復古喫茶店裡我最喜歡的一家。在名古屋，早上在喫茶店點一杯咖啡，都會附贈吐司和水煮蛋喔。對在名古屋出生、長大的我來說，這是再自然不過的事，去了別的城市發現點咖啡居然只有一杯咖啡，反而受到很大的文化衝擊。這裡也一樣，會隨著咖啡附上烤吐司和水煮蛋。此外，這裡還有最能療癒名古屋人的紅豆泥吐司。

神戶

神戶Nishimura咖啡店　中山手本店

神戶市中央區中山手通1丁目26-3
營業時間：8:30～23:00／http://www.kobe-nishimura.jp

氣派的西式建築外觀，彷彿置身歐洲。店內裝潢也是最近難得一見的復古風。

受到祖父母、媽媽還有我一家三代喜愛的喫茶店，從一九四八年起就出現在神戶這座城市中。創業初期並不是這種強烈的喫茶店風格，當時只提供單品黑咖啡，可說是第三波浪潮的元老級咖啡館。每次回神戶找祖母時，總會先去KOBE SAUNA & SPA讓全身放鬆，接著再到Nishimura咖啡店，這就是我的神戶之旅套裝行程，缺一不可。

英語小學堂　踏入舊式咖啡館，時間的流動方式都不一樣了。 Time flows differently

SEATTLE

讓我愛上咖啡的地方

第二波浪潮的發源地——西雅圖

我曾因工作關係
住在這裡！

HERE

西雅圖、咖啡與我

以前完全不喝咖啡的我，爲什麼會變成中毒這麼深的咖啡狂呢？答案就是西雅圖。想知道西雅圖是個什麼樣的地方，剛好有一部電影可以充分介紹這座城市。大家知道描寫吸血鬼愛上人類的《暮光之城》這部片嗎？吸血鬼最怕陽光了，而那個灰灰暗暗、雨下不停，讓吸血鬼感覺非常舒適的城市，就是西雅圖。還有電視劇《雙峰》，劇中不時出現黑沉沉的天空、下著雨的場景，深陷殺人案謎團之中的主角隨時都拿著一杯咖啡。看著他手上的咖啡，總讓我忍不住想：「不喝眞的撐不下去。」這就是西雅圖的咖啡文化。

當初因爲工作的關係搬到西雅圖，我當然也不例外，得靠咖啡才撐得下去。後來我迷上咖啡，架設了咖啡相關網站、寫了咖啡的書，踏上爲咖啡痴迷的不歸路。

一直到現在，有時候會覺得天氣陰陰沉沉時的咖啡最好喝，這時我就會想，西雅圖的DNA眞的已經滲入我體內的每一個細胞。西雅圖的九月到隔年四月雖然總是一片灰濛濛又經常下雨，但夏天眞的非常棒，一直到晚上十點天都還是亮的，空氣清爽、豔陽高照，讓我願意爲了短暫的夏天，忍受又長又暗的冬天。

WINTER

SUMMER

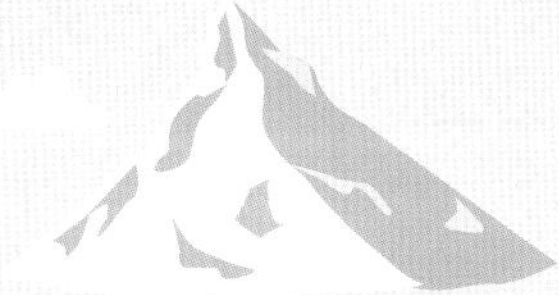

沒有咖啡活不下去的城市

住在這個城市裡的人，走到哪兒都在喝咖啡，根本就是手上拿著馬克杯出生的。以前我因爲不敢喝咖啡，所以只能點紅茶，但最後還是不敵咖啡文化的威力，鼓起勇氣試喝了一口。最初在朋友的推薦下，我喝的第一杯咖啡是Caffe Ladro的拿鐵。

太令人震驚了……牛奶有如絲絹般細滑，還帶著甜味，與咖啡的苦味搭配出最完美的和弦。「原來這就是拿鐵啊！」這時我才第一次感覺咖啡原來這麼好喝。從那一天起，我走遍西雅圖的咖啡館，像是要填滿過去那段空白似地，開始了不斷嘗試各種咖啡的日子。

西雅圖有各種不同風格、數也數不清的咖啡館，例如星巴克這種連鎖店、深耕當地多年的老咖啡館，或是最新流行的第三波浪潮咖啡館，每一家店都非常有特色，每個顧客也都有自己的味道。去過那麼多咖啡館之後，我也找到了幾家自己最喜歡的。

 英語小學堂 西雅圖帶我入門認識了咖啡。 Seattle taught me the A to Z's of coffee.

西雅圖
與第二波浪潮的關係

第四章介紹第三波浪潮時有稍微提到，西雅圖風格的咖啡吸引消費者到店裡享用美味咖啡，帶動了第二波浪潮。最具代表性的當然就是星巴克，其他還有Tully's Coffee、Seattle's Best Coffee等。以濃縮咖啡系飲品及星冰樂帶動第二波浪潮的星巴克，近年來主推單品豆及各種講究的萃取方式，同樣緊貼著第三波浪潮的脈動！

去星巴克創始店瞧瞧！

創始店位於西雅圖知名景點派克市場裡。派克市場不但是觀光勝地，也是當地人不可或缺的日常市場，住在西雅圖時，我也常常來這裡吃飯、買菜。無論何時，創始店門口總是排了長長的人龍。店裡可看到第一代的人魚商標，相較於現在的logo，身體線條顯得非常寫實，表情也多了一點驚悚的感覺。這裡可以買到創始店的各種周邊商品，有機會到西雅圖旅行時值得一遊。

INFORMATION
1912 Pike Place, Seattle

無論何時都擠得水洩不通。但難得來了，就排隊進去瞧一瞧。

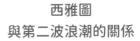

DO YOU SEE THE DIFFERENCE?

ITALIAN STYLE

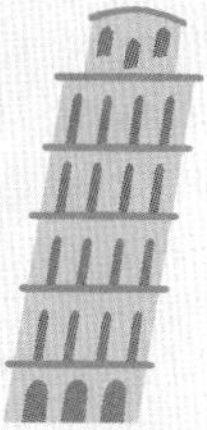

你知道義大利式與西雅圖式咖啡館的差別嗎？

SEATTLE STYLE

可以清楚看見製作過程。

義大利式

濃縮咖啡機的擺放方式不同。義式咖啡館會將咖啡機擺放在顧客看得見的地方，讓客人看到咖啡師操作機器、萃取咖啡的樣子。所以過程中，顧客看見的是咖啡師的背影。

可以愉快地交談。

西雅圖式

西雅圖式的咖啡師則是面對顧客操作咖啡機，因此客人看不見製作過程，只會看到機器的背面。不過，顧客可以跟咖啡師面對面聊天。

WHAT CAN I GET FOR YOU?

到西雅圖時必去！

值得一去的獨立咖啡館

西雅圖有好多各具特色的獨立咖啡館。走過一輪之後，
這四家是我目前的最愛。每當有家人或朋友到西雅圖找我，
一定會逼迫他們一起去（笑）。

Milstead & Co.

這是我認爲西雅圖最好喝的第三波咖啡館。最早是在星巴克擔任咖啡豆採購的朋友推薦我說：「我發現一家很厲害的店，現在馬上去看看！」這家店常名列美國最佳咖啡館排行榜。

INFORMATION
754 N 34th St, Seattle, WA 98103
http://milsteadandco.com/

照片提供：Dan Cole

經過幾次搬遷和改裝，總算穩定下來，越改越漂亮。

Lighthouse Roasters

買豆子的時候必來，這裡的豆子絕對好喝。位於住宅區，卻是西雅圖每個咖啡愛好者都認識的知名烘豆坊。店裡只有少數幾個座位，沒有wifi，建議短暫停留喝個一杯或外帶。

INFORMATION
400 N 43rd St, Seattle, WA 98103
https://lighthouseroasters.com/

獨棟建築，店裡的烘豆機整天都在運轉，隨時傳出濃郁的烘豆香氣。

其實……我在西雅圖時買了一部家用義式濃縮機。每天出門泡咖啡館，在家的時候也要自己沖煮！

Volunteer Park Cafe

受到當地人喜愛的在地咖啡館，常客多為附近居民，不妨融入當地人之中來杯咖啡。

西雅圖市區有很多公園，在李小龍長眠之地志願者公園入口附近，可以看見這家沒有招牌的咖啡館坐落於住宅區之中。使用當地的有機食材製作餐點，雞蛋則取自院子裡養的雞。

INFORMATION
1501 17th Avenue East, Seattle, WA 98112
https://www.volunteerpark.cafe/

Zoka Coffee Roasters & Tea Company

店裡只使用公平貿易咖啡豆，每個咖啡師都擁有豐富的咖啡知識且樂於分享。

綠湖公園這個名字來自西雅圖市民最愛的湖泊，從湖畔徒步數分鐘就可以抵達Zoka。可以在店裡看書、工作、下西洋棋，自在享受店內空間。我的第一本咖啡書就是在這裡寫的。

INFORMATION
2200 N 56th St, Seattle, WA 98103
https://www.zokacoffee.com/

英語小學堂　請給我一杯小杯拿鐵。　I would like a small latte please.

MELBOURNE

不時興連鎖店的城市

絕佳品味！堅持自我路線的墨爾本

墨爾本、咖啡與我

澳洲墨爾本連續多年被選爲「最想居住的城市」，這裡以深植人心的獨立咖啡館文化聞名，因此星巴克在當地並不時興，甚至在二〇一四年宣布退出澳洲市場。我不只一次聽咖啡狂熱分子說起這裡的咖啡文化是多麼獨樹一格。

受西雅圖咖啡文化薰陶的我，實在很難有機會去墨爾本，因爲我知道去了之後會讓我變得沒骨氣，覺得自己背叛西雅圖，投向他人的懷抱。以音樂爲例，就好像明明知道可以輕鬆在Apple Music買音樂，卻還是一直只願意買CD……

終於，我在二〇一八年去了一趟墨爾本，結果整顆心都被偷走了。所到之處的每一家咖啡館都好有個性，待起來好舒服，充分感受到店家的執著與認真，讓我佩服得五體投地。

此外，墨爾本市民的咖啡文化水平也讓我驚訝不已。對他們來說，咖啡就像食物一樣重要；選擇咖啡，就像決定去哪一家餐廳吃什麼餐點同樣要緊。

專業的點餐方式
令人折服！

飲品單
超帥的！
WHITE $4.3
BLACK $4.0
FILTER $4.0
THANKS TO
SEVEN SEEDS
MARKET LANE
SMALL BATCH
WOOD & CO

這裡的飲品單和美國或日本完全不同。一般來說，咖啡館的飲品單上都會寫滴濾、美式、義式、拿鐵或卡布奇諾之類的吧？但在墨爾本咖啡館，飲品單上只有寫WHITE、BLACK、FILTER而已！就算我懂英文，且是個愛喝咖啡的人，還是看不懂。到底要怎麼點餐？後來只好硬著頭皮跟店員說：「我要WHITE。」店員接著問：「要怎麼喝？」原來，WHITE指的是拿鐵或卡布奇諾這類加牛奶的咖啡，只是沒有寫得那麼細而已！這表示就算不寫出來，墨爾本人也知道哪一種分類可以選擇什麼咖啡飲品。

在澳洲受歡迎的小白咖啡
是什麼？

跟拿鐵和卡布奇諾一樣，都是由牛奶加濃縮咖啡製成，使用的牛奶質地卻不同。請看圖示。

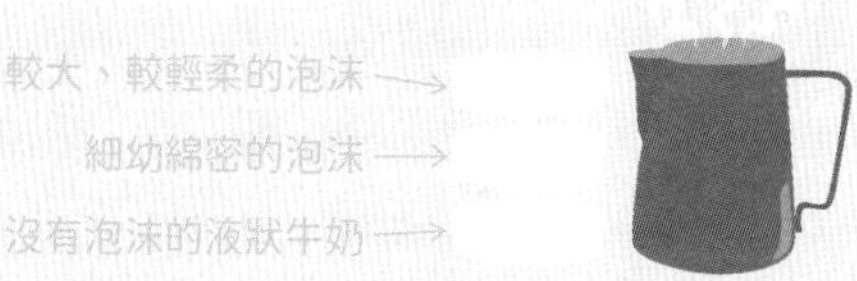
較大、較輕柔的泡沫
細幼綿密的泡沫
沒有泡沫的液狀牛奶

有一小層綿密奶泡的蒸氣牛奶
濃縮咖啡
沒有泡沫的牛奶
較輕柔的泡沫
濃縮咖啡
沒有泡沫的牛奶
較輕柔的泡沫
濃縮咖啡

小白咖啡／馥列白
帶有細幼奶泡的濃縮咖啡飲品

卡布奇諾
頂層覆蓋輕柔奶泡的濃縮咖啡飲品

拿鐵
不同於咖啡牛奶的濃縮咖啡飲品

濃縮咖啡較多
牛奶較多

 英語小學堂 我想要加牛奶的咖啡，請給我一杯卡布奇諾。 I feel like a white coffee,

到墨爾本時必去！

對咖啡的愛無人能及的**極致咖啡館**

結束墨爾本咖啡館巡禮之後，其中五家令我印象特別深刻。
每一家都超有個性。喝完咖啡、走出店外後，讓我感動到久久說不出話來。

SEVEN SEEDS

墨爾本數一數二的咖啡館。咖啡送上桌時，會附上一張介紹咖啡豆的小卡，讓消費者清楚知道豆子產自哪個國家、哪個莊園、有什麼樣的風味，甚至介紹莊園主人的個性。讀著卡片內容，想到咖啡經歷了這麼長的旅程才讓我喝到，心中不禁充滿感激。是一家讓人重新思考食物的店。

內部空間非常大，右半部是咖啡區，後方設有廚房，提供餐食。

INFORMATION

114 Berkeley Street, Carlton VIC 3053／+61-3-9347-8664
營業時間：週一～五7:00～15:00，週六、日08:00～15:00，無休

MARKET LANE

墨爾本市中心共有五家分店。被這家店的標語「We love to make coffee for the city that loves to drink it.」（我們非常樂意爲喜愛咖啡的城市沖煮咖啡）打中，咖啡裡喝得到店員對咖啡滿滿的愛。

也有提供甜甜圈等甜點。空間不大，但還是可以優閒地在店裡享用。

INFORMATION

163 Commercial Rd, South Yarra VIC 3141
+61-3-9804-7434
營業時間：週一7:00～15:00／二7:00～17:00／三7:00～15:00／四～六7:00～17:00／日8:00～16:00，無休

PATRICIA

這樣的設計實在太帥，感覺有點難親近，走進店裡才發現店員人超好的。

這家店在巷子裡，甚至沒有招牌，卻很多人排隊，墨爾本人真的很懂美食。還在猶豫要不要進去時，店員便開朗地上前詢問：「聽你的口音，是美國人嗎？今天想喝什麼？」讓我馬上卸下心防。店內只有吧檯，在墨爾本非常少見。許多顧客都是上班前或午餐時過來，快速喝完就離開。

INFORMATION

493-495 Little Bourke St, Melbourne, VIC 3000
營業時間：7:00～16:00，週六、日公休

AU79

天花板挑高，像是園藝店和咖啡館的綜合體，在這樣的氣氛下享用咖啡和早午餐真是高級享受。

處處可見自然草木、綠意盎然的AU79，可以優閒地在此享用咖啡，或是早餐、早午餐。首席烘焙師是日本人平山峰一，對咖啡充滿熱情，傾心研究各種咖啡的特性，不斷提升自己，這樣的態度讓我不小心偷偷流下眼淚。

INFORMATION

27-29 Nicholson St, Abbotsford VIC 3067
+61-3-9429-0138
營業時間：週一～五7:00～16:00，週六、日8:00～16:00

ACOFFEE

裝潢絕美，一走進店裡會讓人覺得：「這是高級精品服飾店嗎？」

將時尚風格發揮得淋漓盡致，無論是餐具、咖啡豆包裝袋、各種小物擺飾，都打破一般人對咖啡館的印象，讓我受到很大的衝擊，原來咖啡館也可以這樣設計。對咖啡風味非常講究，甚至會考量到溫度還很高時和冷掉之後的風味，讓人佩服得無話可說！

INFORMATION

30 Sackville St, Collingwood VIC 3066
+61-3-9042-8746
營業時間：週一～五7:00～16:00，週六、日8:00～16:00

英語小學堂 需要先買單嗎？ Do I pay now or after?

英國的咖啡水準
其實很高。

LONDON

英國、咖啡與我

其實咖啡曾是這裡的主流

紅茶大國英國的咖啡趨勢

奶泡細緻綿密的拿鐵撫慰人心。

說到英國，大部分人都會想到紅茶，那麼咖啡呢？於是我走訪倫敦、牛津、劍橋等地，去探訪當地的咖啡現況。而我的結論是，英國的咖啡趨勢不容小覷。飲品單選項很像是融合了澳洲及美國風格，濃縮咖啡調製的各式飲品也很受歡迎，滴濾咖啡（在英國及澳洲稱爲Filter）也可以喝到單品，完全顛覆了一般認爲英國只有紅茶的既定印象。

左上：健康、好看又好吃。
右上：我吃過最美味的素食餐廳，蘑菇和酪梨搭配吐司。
左下：第一次吃到PRINCI的東西也是在倫敦。

觀光與咖啡的套裝行程

也別忘了英國的道地家鄉味。

TAB×TAB

造訪電影《新娘百分百》拍攝地時，途中坐下來休息，喝到了在英國的第一杯咖啡。「哇，還不錯耶！」一開始就有了好印象。

Kaffeine

店內非常時尚，對食物也下了很多功夫，是當地的人氣名店，座位要用搶的！

Monmouth Coffee Company

可能是全倫敦最受歡迎的咖啡館，店內擁擠到甚至讓人動彈不得，簡直就像築地的早市一樣。把手舉高一點，等店員指到你就能點餐了。

Helter Skelter

我超愛披頭四。去艾比路朝聖時要在聖約翰伍德站下車，車站附近就能看見這家以披頭四爲主題的咖啡館。

Workshop Coffee

以美味拿鐵聞名。正打算走進店內時，突然看到兩名警察，還以爲發生什麼事，原來是警察的咖啡休息時間。

為什麼我對芬蘭
這麼著迷……

不是只有三溫暖和極光！

咖啡消費量全球第一的芬蘭

芬蘭、咖啡與我

拙作《週末芬蘭》裡寫了好多三溫暖的事，很多人以爲我是喜歡三溫暖才愛上芬蘭，但其實一開始是因爲咖啡。

某次，我無意間得知芬蘭是全球咖啡消費量第一的國家。當時我住在美國最愛咖啡的城市西雅圖，於是便帶著「我就去瞧瞧他們到底多愛咖啡！」的氣勢實際走了一趟。這就是一切的開始。

到了爲咖啡瘋狂的赫爾辛基之後，我認眞觀察城市裡的人，沒想到有了意外的發現。這裡不像西雅圖一樣到處看得見手拿馬克杯的人，也不是所到之處都有咖啡館，但一踏入咖啡館裡，就會發現無論白天或夜晚都擠滿了人。而且赫爾辛基人在咖啡館裡都是一邊喝咖啡，一邊開心地和朋友聊天。

芬蘭每人每年的咖啡消費量是十二公斤，日本則是三．六公斤，從這裡就能清楚看出消費量的差距。距離第一次去赫爾辛基，已經過了七年，而多次造訪芬蘭之後，我似乎能了解爲什麼會有這麼大的落差。除了單純喜愛咖啡，應該和那裡的氣候有關。

芬蘭的秋季到春季這段時間爲永夜，凌晨的天色和夜晚一樣暗，甚至到了早上十

14:00

在于韋斯屈萊機場準備登機。

22:00

赫爾辛基市區的港口，市區離海這麼近。

點左右，亮度才會和我們的黃昏差不多，一直到太陽快下山時，都還是像黃昏一樣暗暗的。因爲這種又冷又暗的時間很長，提振精神的咖啡才會變成當地人生活中的必需品吧（而芬蘭人之所以能夠維持健全身心，另一個原因當然是三溫暖囉）。

也別忘了
三溫暖喔！

設計也很有看頭的赫爾辛基咖啡館

赫爾辛基有好多家想去的咖啡館，每次都覺得時間不夠！
來看看造訪赫爾辛基時我的必去咖啡館清單。

KAFFA ROASTERY

芬蘭最具代表性的第三波浪潮咖啡館，附設烘豆坊，從咖啡豆到沖煮方式都可以自己選擇。不妨試著用第三章學過的咖啡知識尋求店員的幫助，像是：「我喜歡帶有巧克力味的，你推薦哪一款？」店員甚至會推薦適合的沖煮方式，雖然大家話都不多，但其實非常友善喔。

用的是芬蘭品牌ARABIA的馬克杯。

INFORMATION Pursimiehenkatu 29, 00150 Helsinki／+358-50-3065499

JOHAN & NYSTRÖM

位於赫爾辛基的象徵——赫爾辛基大教堂以東、港口邊的紅磚倉庫裡。店內也是以紅磚構成，散發出懷舊與創新融合的氣息。我喜歡一大早就到店裡報到，來杯早晨的咖啡，坐在外面的位子，遠眺停在港口的帆船。

內有天井的兩層樓建築，店內也是紅磚打造。

INFORMATION
Kanavaranta 7C-D, 00160 Helsinki／+358-40-5625775

IPI KULMAKUPPILA

哈卡涅米市場附近的咖啡館。芬蘭一般的咖啡館以淺焙爲主，但這裡是我最喜歡的那種不會過重的中焙，每次造訪都會買咖啡豆回來。大大的玻璃窗將外面的光線引進來，室內非常明亮，午餐也很好吃。身心障礙人士和一般人一起在店內服務，是這裡的特色之一。

糕點和餐點的水準也很高。

INFORMATION Porthaninkatu 13, 00530 Helsinki／+358-45-6164776

咖啡和三溫暖非常搭喔！

CAFE AALTO

在滿滿書香中喝一杯咖啡。

位於艾斯普那帝大道上、現代主義建築大師阿瓦・奧圖（Alvar Aalto）設計的老字號書店「學術書店」店內。電影《海鷗食堂》中，女配角在咖啡館唱《科學小飛俠》主題曲那一幕就是在這裡拍攝的。店內許多家具都出自阿瓦・奧圖之手。

INFORMATION Pohjoisesplanadi 39, 00100 Helsinki／+358-50-4924942

CAFE REGATTA

記得，這裡只收現金喔！

西貝流士公園旁漁民工作的小木屋改裝的咖啡館。來到這裡，彷彿身處芬蘭的鄉村。買一杯咖啡，加點這裡最有名的肉桂捲，找個戶外的座位眺望海景。夏季吹著清涼的風，冬季則可窩在火堆旁，這樣的咖啡眞是滋味絕妙。

INFORMATION Merikannontie 8, 00260 Helsinki／+358-40-4149167

FAZER CAFÉ

必訪的觀光景點。

芬蘭老字號巧克力品牌FAZER經營的咖啡館，店內時時擠滿購買伴手禮的觀光客。這裡是巧克力專賣店，爲了嘗出巧克力的美味，非常推薦大家搭配咖啡一起享用，可說是最完美的組合。另外也提供蛋糕、三明治等餐點。

INFORMATION Kluuvikatu 3, 00100 Helsinki／+358-20-7296703

終於要直接去找
咖啡豆了！

HERE

BRAZIL

到巴西喝咖啡

擁有全球最大的咖啡莊園！

巴西、咖啡與我

連續好幾天收到「這裡是巴西出口投資促進局，希望有機會招待您到巴西來品嘗咖啡」的垃圾郵件，我當然是當作沒看見啦。沒想到幾天之後，我的每個社群媒體帳號都收到訊息，拜託我快去收信。原來真的是觀光局寄給我的邀約！聽起來像是開玩笑，其實是貨真價實的邀請函。於是，我決定出發前往地球的另一端。

企畫內容是某電視臺的外景節目，由巴西的冠軍咖啡師帶我走訪巴西國內各地的咖啡莊園，爲期十二天。

老實說，我一直擔心這整件事只是一場騙局。直到最後一刻，我都還在懷疑會不會一到機場就被裝進咖啡麻布袋裡，醒來後發現少了什麼器官之類的。因此十二天後抵達機場時，仍然帶著滿腹的疑惑，沒想到感謝和感動的情緒在這時全部湧上心頭，讓我不禁哭了出來。這個機遇讓我感受到完全不同的文化，接受巴西人的熱情款待，成爲一趟永生難忘、無可替代的旅程。

接下來，就請各位和我一起體驗這十二天的巴西之旅吧。

28小時的飛行

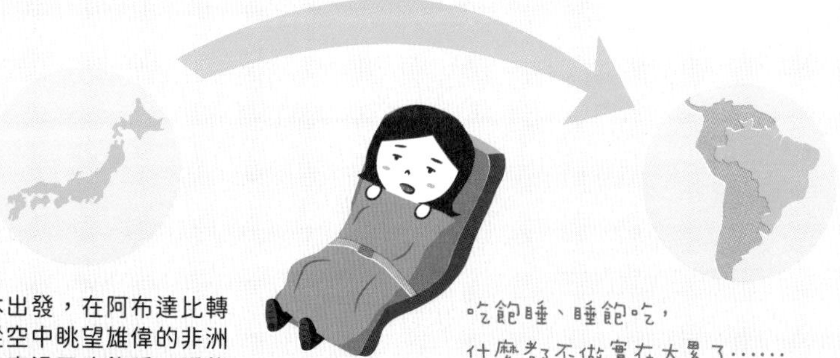

從日本出發，在阿布達比轉機。從空中眺望雄偉的非洲大陸，度過了吃飽睡、睡飽吃的28小時，終於抵達巴西聖保羅。

巴西人不喝「咖啡」？

抵達飯店後，我想喝點咖啡或茶，卻發現房裡沒有熱水壺，打電話到櫃臺請他們幫我送壺熱水也沒辦法。原來巴西的飯店櫃臺供應咖啡，但沒有在房裡煮熱水、沖飲料的習慣。

隔天吃早餐時，發現餐廳裡有各種不同口味的人工甜味糖漿，才知道原來這裡的人喜歡喝甜的咖啡。

另外還發生了一件事。抵達後不久，我在咖啡館點了一杯咖啡，送上來的居然是義式濃縮。本來以爲是店員聽錯，大約過了三天，我才知道這裡的咖啡指的就是義式濃縮咖啡。沒錯，這裡的飲品單裡找不到「滴濾咖啡」。巴西人喝的是裝在小杯子裡的濃縮咖啡，加入砂糖或甜味劑後再一口飲盡。

聽說一般人家裡沒有義式濃縮機，所以會在家裡沖煮滴濾咖啡，但咖啡館裡賣的基本上都是義式濃縮。原來，巴西也是飲用義式濃縮咖啡的文化呢。

看起來很像消毒水，其實是甜味劑糖漿。

巴西的咖啡產量占全球三分之一

隔天馬上展開拍攝工作。一起入鏡的雨果是巴西的愛樂壓咖啡大賽冠軍，目前經營一家選豆與烘焙的烘豆坊。節目內容就是我們兩人一起探訪咖啡莊園。

全球交易的咖啡據說有三分之一都是來自巴西，

碰面後馬上開始拍攝，不過很快就打成一片了。

而這也是我第一次實際造訪咖啡莊園，了解咖啡是如何栽種出來的，農民又是如何作業。巴西是世界第五大國家，面積是日本的二十二．五倍，幅員太遼闊了，所以每次移動都花很多時間。我和雨果在聖保羅碰面，先用咖啡乾了一杯，四個小時車程之後，總算抵達起司麵包球的發源地米納斯吉拉斯州，並從這裡的莊園開始拍攝。

順便爲各位介紹一下，巴西的早餐可以吃到好多種水果。一大早開始就吃大量的水果、蛋糕、起司、麵包和現榨果汁，當然還有起司麵包球。

早餐超級豪華，不吃對不起自己啊！每天都是這樣喔。

二月正是陽光最燦爛的初夏。

在莊園體驗杯測

這次在二月造訪巴西，因爲還不是採收期，咖啡櫻桃都還是綠色的，所以我們在各個莊園主要看的是不同品種的咖啡樹，還有莊園的經營模式。參觀了那麼多莊園，讓我決定以後有機會一定要參與咖啡採收！

第一家是有機莊園。灌溉用的井水裡泡著整把綁好的樹葉，就像三溫暖裡的樺樹葉一樣。農民用整把樹葉拍打咖啡樹給水，就像三溫暖過程中拍打身體一樣。所有作業都不仰賴機械，完全手工進行。

尚未轉紅的綠色咖啡櫻桃。

第二家莊園最特別的是會吸引一種名爲雅庫鳥（Jacu Bird）的雀鳥。雅庫鳥非常喜歡吃咖啡櫻桃，據說可以從牠們排出的糞便裡收集到酸味較少、口感絕佳的咖啡豆。

所有灌溉作業都是以手工進行！

聽完莊園主人的解說後，體驗如何照顧咖啡樹。

我們在這個莊園進行杯測，包含雀屎咖啡豆及數種杯測用豆烘焙的咖啡豆。

這個莊園裡有一名咖啡品質鑑定師（Grader），依照精品咖啡協會（Specialty Coffee Association）制定的標準與順序進行評測。因爲有他的把關，出口的咖啡豆都有非常好的品質。這杯雀屎咖啡喝起來的口感非常溫潤、順口呢！

這就是雅庫鳥。

巴西人喝多少咖啡？

高速公路途中停留的咖啡館非常有個性。

這裡是咖啡生產量全球第一的國家，大家都很愛喝咖啡。雖然不像美國那樣到處可見拿著馬克杯的人，但大家都是一、兩口把濃縮咖啡喝完，攝影團隊的工作人員也是一有休息時間就喝咖啡。好幾次中途停靠休息站時，都會看見工作人員在咖啡館排隊，那個樣子實在很逗趣。這裡或許還沒有那麼多人像第三波那樣講究咖啡種類與咖啡豆，對莊園經營或沖煮方式也不那麼堅持，但身爲咖啡大國，咖啡的地位在此是無可替代的。

說到巴西，很多人腦中會立刻浮現開心地在巴士裡唱歌跳舞的畫面。不過我接觸到的巴西人，都會隨時留意身邊的人，非常重視協調，脾氣好、個性非常溫和又很講義氣。這十二天當中，整個團隊只有我一個日本人，又不會說葡萄牙語，卻完全沒有被孤立的感受，也沒有覺得不知所措的時候。這一切都要歸功於十五名當地工作人員以我爲中心，隨時努力維持工作氣氛。

回國前一天，我們去了最後一個莊園，那裡的咖啡實在太好喝了，我想買一些回去，但現場只有生豆，只能放棄這個念頭。沒想到莊園主人當天晚上居然爲我烘豆，還開了三十分鐘伸手不見五指的山路，將烘好的豆子送到旅館給我，讓我感覺巴西人這種熱情款待客人的態度和日本人好像。一回到日本，我立刻拿出來喝，嘗起來的味道非常順口，讓我深受感動。

目光所及的咖啡樹都是為日本而種！

這個莊園放眼望去全都是咖啡樹！莊園主人說：「看得到的樹都是黃波本(Yellow Bourbon)喔。」讓我不禁心想：「波本？這裡也生產威士忌嗎？」頓時腦中一片混亂。我會誤會也是情有可原，因爲阿拉比卡咖啡中有一個品種叫作「波旁」(Bourbon)，英語發音和威士忌的波本一模一樣，眞的很容易搞混！

日本喝到的咖啡中，有一定比例都加入了這種黃波本，而且這個莊園裡目光所及的咖啡樹全都被日本人買下了。沒想到日本人居然把這麼多咖啡樹都訂走！我忍不住由衷對這座莊園說了聲：「謝謝你們。」

看得見的咖啡樹都是給日本人喝的！
放眼望去都是咖啡樹。

莊園主人接著說：「日本人不會殺價，願意花錢買下對得起這個價格的品質，讓我們更願意花時間照顧咖啡樹、願意與日本人交易喔。」一想到地球另一端有日本人正在從事良心交易，而且又找到願意配合、讓這種交易型態持續下去的莊園，讓我不禁感動得流下眼淚。

有了這次親自造訪咖啡莊園、與生產者直接對話的經驗之後，每次喝咖啡時我總會想著這杯咖啡是由什麼樣的人生產，又是如何千里迢迢來到日本的。即使相隔遙遠，但第三波浪潮確實將生產者與消費者連結在一起，並且間接達成了SDGs——永續發展目標。

咖啡苗種植體驗！

後記

希望你也能品嘗到滿含善意的美味咖啡

寫完這本書之後，我重新思考到底什麼是好喝的咖啡。我認爲最好喝的，就是帶著眞心誠意沖煮的咖啡。那麼要如何飲用這杯最好喝的咖啡呢？就是喝的時候心裡想著：「謝謝你爲我沖煮這杯咖啡，我好開心！」

仔細想想，其實咖啡不就是把烤焦的種子磨成細粉，再泡進熱水裡沖煮出來的褐色液體而已嗎？結果，它卻成爲幾百年來不同國籍、不同人種最喜愛的飲品，而我也是整個身心靈都臣服於這個飲品界的超級巨星。對我來說，咖啡是每天重要的「食物」，是陪伴我工作的好夥伴，是讓我提起精神、鎭定身心的戀人。

此外，咖啡也帶給我許多「與他人相遇」的機會，這一點我由衷感激。回想起第一次和本書中介紹的專家與本書編輯見面時，都在喝咖啡，因此，這本書可說是藉由咖啡串聯起來、製作出來的（本書的製作團隊與《週末芬蘭》完全相同）。

總是鼓勵我「這樣很有亮子的特色，很棒！」的大和書房責任編輯藤澤陽子小姐、總是能將我喜愛的東西與想做的事情化爲具體的企畫編輯——MAVERICK的大川朋子小姐與奧山典幸先生、將我塵封的記憶一一開啟的編輯丸山亞紀小姐，以及APRON的植草可純小姐和前田步來小姐將本書設計成我喜愛的風格、讓人愛不釋手的裝訂、不自覺想一直用手撫摸的質感。還有本書中出現的每位專家，以及爲我釀製咖啡風味啤酒的DevilCraft餐廳。因爲有你們，才能讓我一直覺得咖啡是一種享受，也才能完成這本這麼棒的書。

透過咖啡，我認識了這麼多不同世界的朋友。往後的日子裡，咖啡應該會持續爲我帶來不可思議的緣分和奇妙的相遇吧。希望咖啡對每個人來說都是如此不可思議的存在，更希望各位今天也能品嘗到一杯滿含善意的美味咖啡。

岩田亮子

國家圖書館出版品預行編目資料

沒有咖啡活不下去！：美國紅回日本的咖啡名家，最可愛的咖啡入門／
岩田亮子 著；龔婉如 譯. -- 初版 -- 臺北市：方智出版社股份有限公司，2022.01
144 面；14.8×20.8公分 --（方智好讀；148）
譯自：コーヒーがないと生きていけない！~毎日がちょっとだけ変わる楽しみ方
ISBN 978-986-175-654-7（平裝）
1. 咖啡
427.42 110019269

Eurasian Publishing Group 圓神出版事業機構 用心與你對話．視野無限寬廣
方智出版社 Fine Press

www.booklife.com.tw reader@mail.eurasian.com.tw

方智好讀 148

沒有咖啡活不下去！美國紅回日本的咖啡名家，最可愛的咖啡入門

作　　者／岩田亮子
內頁插圖／岩田亮子
內頁照片／岩田亮子
內頁設計／APRON（植草可純、前田步來）
譯　　者／龔婉如
發 行 人／簡志忠
出 版 者／方智出版社股份有限公司
地　　址／臺北市南京東路四段50號6樓之1
電　　話／（02）2579-6600・2579-8800・2570-3939
傳　　眞／（02）2579-0338・2577-3220・2570-3636
總 編 輯／陳秋月
副總編輯／賴良珠
主　　編／黃淑雲
責任編輯／黃淑雲
校　　對／溫芳蘭・黃淑雲
美術編輯／蔡惠如
行銷企畫／陳禹伶・王莉莉
印務統籌／劉鳳剛・高榮祥
監　　印／高榮祥
排　　版／杜易蓉
經 銷 商／叩應股份有限公司
郵撥帳號／18707239
法律顧問／圓神出版事業機構法律顧問　蕭雄淋律師
印　　刷／國碩印前科技股份有限公司
2022年1月　初版
2023年9月　4刷

定價 320 元　ISBN 978-986-175-654-7